全国高职高专工程测量技术专业规划教材

U0643302

# 地理信息系统

主 编 马 娟

参 编 张晓伦 杨 涛

中国电力出版社
CHINA ELECTRIC POWER PRESS

## 内 容 提 要

本书是为高职高专测绘地理信息类专业学生编写。从了解 GIS 着手，按照地理信息产品生产流程，由浅入深、层层递进，介绍了 GIS 的空间数据结构、空间数据获取方法、空间数据编辑与处理、地理空间数据库、空间查询与空间分析、产品输出等内容。

本书可作为高职高专院校测绘工程、工程测量、测绘地理信息、矿山、地质、农业、林业、环境、交通等专业地理信息系统课程的教学使用，也可作为电大、各类成人院校师生及工程技术人员的参考书。

**图书在版编目（CIP）数据**

地理信息系统/马娟主编. —北京：中国电力出版社，2017.1（2023.1重印）
ISBN 978-7-5123-9674-6

Ⅰ.①地… Ⅱ.①马… Ⅲ.①地理信息系统 Ⅳ.①P208.2

中国版本图书馆 CIP 数据核字（2016）第 196944 号

中国电力出版社出版发行

北京市东城区北京站西街 19 号 100005 http://www.cepp.sgcc.com.cn
责任编辑：王晓蕾 责任印制：蔺义舟 责任校对：闫秀英
北京雁林吉兆印刷有限公司印刷·各地新华书店经售
2017 年 1 月第 1 版·2023 年 1 月第 4 次印刷
787mm×1092mm 1/16·9.75 印张·233 千字
定价：28.00 元

# 前　　言

地理信息系统是高职高专院校测绘地理信息类专业及其他相关专业学生必修的一门专业课程。作者在十几年的课程教学过程中，切身感受到基础理论知识对高职高专学生职业生涯发展的重要性，也一直存有将多年收集、总结、编写的教学资料积累成书的想法。感谢中国电力出版社提供的这次机会！成书之际，十几年的教学积累和各位编者在繁忙的教学工作中为教材的出版所付出的辛苦努力终于有了结果，心中倍感轻松。

本书的主要目的是为满足学生对地理信息系统技术的认识、理解和掌握，促进学生更好地运用其解决生产生活中的实际问题。全书以地理信息产品生产流程为主线，从介绍地理信息系统基本知识着手，重点对空间数据结构、空间数据的获取方法、空间数据编辑与处理、地理空间数据库、空间查询与空间分析、产品输出等内容进行阐述，使学生在学习基本概念、基本理论和基本方法等知识的过程中，逐步掌握地理信息产品生产的各环节技术要求，以期系统化地培养学生基本的地理信息数据生产能力和可拓展的技术应用与服务能力。

在多年对高职高专层次地理信息系统课程教学的感悟中，编写组成员始终坚持"够用为度"的原则，过多过难不适用于高职高专学生的内容坚决舍弃，但必需的理论和方法绝不放弃，使学生不仅知其然，而且知其所以然。

全书由昆明冶金高等专科学校马娟确定编写大纲和整体结构，并负责统稿、定稿。参加编写工作的人员有：昆明冶金高等专科学校的马娟（编写项目一、项目五、项目六和项目七）、张晓伦（编写项目二和项目三）、杨涛（编写项目四和项目八）。书后参考文献由马娟负责整理。笔者在编写过程中参阅了大量的文献资料，在此对这些资料的作者表示感谢！

本书在构思、规划阶段得到了昆明冶金高等专科学校地理信息系统教研室众多同行的支持，在此一并感谢。

由于编者水平和经验有限，书中难免存在谬误之处，希望读者批评指正！

编　者
2016 年 5 月

# 目　录

# 项目一 了解地理信息系统

## 项目概述

地理信息系统是如何产生的？它的学科渊源有哪些？发展状况怎么样？以此作为切入点，介绍地理信息系统的基本概念、组成部分、功能、研究内容、应用领域及其在今后一段时间内的发展趋势等。

## 学习目标

1. 了解地理信息系统的成因及在国内外的发展情况；
2. 掌握地理信息系统的基本概念；
3. 掌握地理信息系统的基本组成、功能、研究内容；
4. 了解地理信息系统的应用领域及其在今后一段时间内的发展趋势。

## 任务一 地理信息系统的发展史

### 1.1.1 国际上地理信息系统的成因与发展

地理信息系统（Geographic Information System，GIS）的产生与计算机科学、地图学、测绘学等多个学科领域都有着深厚的历史渊源。

长期以来，地图作为地理数据的载体一直为航海、军事、经济发展等领域服务。进入20世纪，人们对专题地图的使用和需求量迅速增加。专题地图不同于普通地图，它侧重于表示某一方面的内容，有固定的用图对象，如矿产资源分布图、人口密度图、土地利用规划图等。专题地图使地图学朝着 GIS 的方向发展。20 世纪 50 年代前后，计算机技术开始用于辅助进行制图，但受当时计算机性能和输出设备等因素的限制，自动化制图不可能实现。

20 世纪 60 年代中期，加拿大联邦政府为确定国土资源的数量和存在形式，对土地潜力进行评价，进行了全国土地普查。由加拿大测量学家 Roger F. Tomlinson 主持建成世界上最早的地理信息系统——加拿大地理信息系统（Canada Geographic Information System）并投入使用，该系统实现了专题地图的叠加、面积量算、自然资源的管理和规划等。Roger F. Tomlinson 也首次提出了地理信息系统这一术语，且沿用至今。这一时期的计算机水平虽有限，但机助制图能力较强，能够实现地图的手扶跟踪数字化、地图数据的拓扑编辑以及图幅接边等功能，使得这一阶段的 GIS 带有更多的机助制图色彩。

进入 20 世纪 70 年代，计算机硬件和软件技术飞速发展。大容量存取设备磁盘的使用，为地理数据的录入、存储、检索和输出提供了基础。用户屏幕和图形、图像卡的发展增强了人机交互和高质量图形显示功能，GIS 朝实用化方向发展。这一时期计算机硬件价格下降，政府部门、学校、科研院所、企业也能够配置计算机，加之许多大学和机构开始重视 GIS

软件设计和应用研究（如众所周知的美国环境系统研究所——ESRI 成立于 1969 年），促使了不同专题、不同规模、不同类型的地理信息系统在世界各地纷纷研制出来。据统计，70年代有 300 多个应用系统投入使用。

20 世纪 80 年代是 GIS 在理论、方法和技术上取得突破与趋向成熟的阶段，是 GIS 发展的重要时期。由于计算机技术的迅猛发展，推出了图形工作站和个人计算机等性价比较高的计算机；计算机网络的建立，又使得地理信息的传输效率得到极大提高。GIS 的应用领域与范围不断扩大，从解决基础设施规划（如道路、输电线）转向更复杂的领域，如土地利用规划、人口规划与安置等。这一时期，由于 GIS 和遥感（Remote Sensing，RS）技术的集成发展，GIS 已开始被用于解决全球性问题，如全球沙漠化、全球可居住区的评价、厄尔尼诺现象及酸雨、核扩散与核废料、全球气候与环境的变化监测等。同时在这一时期，涌现出了一大批具有代表性的 GIS 软件，如 Arc/Info、MapInfo、GenAMap、MGE 等。而许多国家在这一阶段也都制定了本国的地理信息系统发展规划，建立了相关的政府性和学术性机构，如美国建立了 NCGIA（National Center for Geographic Information & Analysis）研究中心，英国成立了 GIS 协会。

进入 20 世纪 90 年代，随着计算机软硬件技术的进一步发展以及 Microsoft 公司推出了完全脱离 DOS 的可视化操作系统 Windows，使得计算机在全世界普及并进入千家万户。一些基于 Windows 和 Windows NT 的桌面 GIS，如 ArcView、MapInfo、GeoMedia 等软件以其界面友好、易学易用等优点，将 GIS 带入各行业领域，GIS 进入用户时代。这一时期，社会对 GIS 的认识普遍提高，需求量逐年上升，地理信息系统逐渐成为许多机构，尤其是政府决策部门必备的工作系统。国家级乃至全球级的地理信息系统已成为公众关注的问题。1998 年，美国前副总统戈尔提出"数字地球"战略，地理信息系统即是其中重要的组成部分。另一方面，随着计算机网络技术的发展，尤其是 Internet 技术的发展，为 GIS 在网络上的运行提供了必要的技术保障，更大范围内共享地理信息成为一种必然趋势。各软件厂商也纷纷推出了自己的网络 GIS 产品，如 ESRI 公司的 ArcIMS，MapInfo 公司的 Map Proserver 以及 AutoDesk 公司的 Map Guide 等。

迈入 21 世纪以来，GIS 进入信息化服务阶段，研究的问题不再局限于原理、方法和技术，而是深入到社会化应用中的管理、信息标准、产业政策等方面。随着计算机、网络、可移动设备等技术的推动，GIS 已融入人类社会的各个方面，包括社区服务、车辆服务、手机位置服务、社交、娱乐、健康、医疗、教育等，大众化 GIS 已成为必然趋势。

## 1.1.2 我国地理信息系统的发展情况

地理信息系统在我国的研究和应用均晚于世界发达国家，大致分为以下 4 个阶段。

### 1. 准备阶段

20 世纪 70 年代初期，我国开始尝试将计算机用于测量、地图制图和遥感领域。1972 年开始研制制图自动化系统；1974 年引进美国地球资源卫星图像并开展卫星图像处理和信息解译工作；1976 年召开了第一次遥感技术规划会议，形成了遥感技术试验和应用蓬勃发展的新局面。此外，还开展了一系列全国范围的航空摄影测量和地形测图，为我国地理信息系统数据库的建立打下了坚实基础，并于 1977 年诞生了我国第一张由计算机输出的全要素地图。1978 年全国第一届数据库学术讨论会召开。所有这些都为我国地理信息系统的研制和应用提供了物质和技术储备，奠定了基础。

2. 试验阶段

20 世纪 80 年代，随着计算机技术的发展，GIS 在我国正式步入试验阶段，以 1980 年中国科学院遥感应用研究所成立的全国第一个地理信息系统研究室为标志。这一阶段，我国在 GIS 理论探索、规范探讨、实验技术、软件开发、系统建立、人才培养、典型试验和专题试验等方面均取得了实质性的进展。在典型试验方面，主要研究建立数据规范和标准、空间数据库建设、数据库处理和分析算法以及系统分析软件和应用软件的开发等。在专题试验和应用方面，主要探索 GIS 在各领域的设计与应用，包括人口、资源、环境、经济等。一些用于辅助城市规划的各种小型信息系统在城市建设和规划部门也获得了认可。此外，在人才培养和机构建设方面，1985 年我国资源与环境信息系统实验室成立；1987 年国际 GIS 学术研讨会在北京举行；与此同时，相关高校也开设了 GIS 课程。这些均为 GIS 在我国的进一步发展和应用打下了基础。

3. 发展阶段

20 世纪 80 年代末到 90 年代中期，随着技术进步和社会发展，我国 GIS 进入全面发展阶段。特别是 20 世纪 90 年代以来，沿海、沿江经济开发区的发展，土地的有偿使用和外资的引进，急需 GIS 为之服务，有力地推动了 GIS 的发展和应用。1994 年中国 GIS 协会在北京成立。GIS 研究作为政府行为，正式列入国家科技攻关项目，开始有计划、有组织、有目标地进行理论研究和应用建设。这一阶段的 GIS 研究逐步与国民经济建设和社会生活需求相结合，并取得了重要进展和实际应用效益，主要体现在 4 个方面：

（1）制定了国家地理信息系统规范，解决信息共享和系统兼容问题，为全国地理信息系统的建立做准备。

（2）应用型 GIS 迅速发展。

（3）研发了一批具有自主知识产权的 GIS 软件，如 MapGIS。

（4）开始出版有关 GIS 理论、方法和应用等方面的著作。

4. 推广应用阶段

20 世纪 90 年代中期至今，我国 GIS 在技术研究、成果应用、人才培养、软件开发等方面进展迅速，并力图将 GIS 从发展初期的研究实验、局部应用推向实用化、集成化、工程化，为国民经济发展提供辅助分析和决策依据。

GIS 在研究和应用过程中走向产业化，成为国民经济建设普遍使用的工具，在各行各业中发挥重大作用。如 GIS 在资源开发、环境保护、土地管理、城市规划、城市管理、交通、能源、通信、地图测绘、林业、房地产开发、金融、保险、石油和天然气、军事、犯罪分析、运输与导航、公共汽车调度、自然灾害的监测与评估等方面都得到了具体应用。尤其是近年来，GIS 通过网络不断影响人们的生活。互联网地图、手机地图等所提供的服务，给人们的日常生活带来了极大的方便。

这一阶段，我国不少高等学校纷纷开办了与 GIS 相关的专业，培养了一大批从事 GIS 研究、开发、应用的高层次人才。具有我国自主知识产权的 GIS 通用软件平台的研制逐步进入产业化轨道。这些都标志着我国 GIS 产业已进入新的发展阶段。

想知道 GIS 会为我们日常的工作生活带来什么吗？扫我吧！

# 任务二 什么是 GIS

## 1.2.1 数据与信息

数据是对客观事物的符号表示，是指某一目标定性、定量描述的原始资料，包括数字、文字、语言、符号、声音、图形、图像等。数据用于载荷信息，本身并没有意义。

信息来源于数据，是加工后的数据。信息用数字、文字、语言、符号、声音、图形、图像等介质来表示事件、事物、现象等的内容、数量或特征，向接受者提供关于现实世界的事实和知识，作为生产、建设、经营、管理、分析和决策的依据。信息具有客观性、适用性、传输性、共享性等特征。

数据与信息是相辅相成的。信息是数据中所包含的含义，它不随载体物理形式的改变而改变。例如：从测量数据中可以抽取出地理实体的形状、大小和位置等信息；从属性调查数据中可以抽取出各地理实体的属性信息。因此，信息是数据的内涵，数据是信息的表现形式。

## 1.2.2 地理实体、地理数据与地理信息

地理实体指的是在人们生存的地球表面附近的地理图层（大气层、水层、岩石层、生物层）中可相互区分的事物和现象，即地理空间中的事物和现象。实体既可以指个体，也可以指总体，即个体的集合。地理实体具有三个基本特征：①空间特征，用以描述事物或现象的地理位置以及空间相互关系；②属性特征，用以描述事物或现象的特性；③时间特征，用以描述事物或现象随时间的变化。

地理数据是各种地理特征和现象间关系的符号化表示，包括空间位置数据、属性数据和时间数据。空间位置数据描述地理实体"在哪儿"（如大地经纬度坐标）以及它和其他地理实体之间的空间位置关系（如邻接、包含等）；属性数据描述地理实体"是什么"，是一种定性或定量指标；时间数据则是描述地理数据采集或地理现象发生的时刻或时段。

地理信息是指表征地理系统诸要素的数量、质量、分布特征、相互联系和变化规律的数字、文字、图形、图像等的总称。地理信息是对地理数据的解释，具有区域性、多维性、动态性等特征。

## 1.2.3 GIS 的研究内容

地理信息系统（GIS，Geographical Information System）是由计算机硬件、软件和不同的方法组成的系统，该系统设计用来支持空间数据的采集、管理、处理、分析、建模和显示，以便解决复杂的规划和管理问题。

GIS 是一个技术系统，是以地理空间数据库（Geospatial Database）为基础，采用地理模型分析方法，适时提供多种空间的和动态的地理信息，为地理研究和地理决策服务的计算机技术系统。

GIS 与地理学和测绘学有着密切的关系。地理学是一门研究人地相互关系的科学，研究各自然界层的生物、物理、化学过程，以及探求人类活动与资源环境间相互协调的规律，这为 GIS 提供了有关空间分析的基本观点和方法，成为 GIS 的基础理论依托。测绘学除了为 GIS 提供各种不同比例尺和精度的定位数据外，其理论和算法也可直接用于空间数据的变换和处理。GIS 是以一种全新的思想和手段来解决复杂的空间规划及管理问题，如资源管理、

服务选址、环境评估、灾害调查与监测、城市规划与管理、政府决策与支持等。

地理信息系统按其研究内容可以分为专题地理信息系统和区域地理信息系统。

### 1. 专题地理信息系统

是具有有限目标和专业特点的地理信息系统，为特定的专门目的服务。如水资源管理信息系统、森林动态监测信息系统、农作物估产信息系统等。

### 2. 区域地理信息系统

以区域综合研究和全面的信息服务为目标，可以有不同的规模。如国家级、省级、地区级、市级、县级等为不同级别行政区服务的区域信息系统；也可按照自然分区或流域为单位的区域信息系统。我国的黄河流域信息系统即是此类型。

# 任务三　GIS 的 组 成

一个完整的 GIS 主要由计算机硬件系统、计算机软件系统、空间数据、系统管理和应用人员四部分组成。

## 1.3.1　计算机硬件系统

计算机硬件系统用以存储、处理、传输和显示地理信息或空间数据，包括 GIS 主机、外部设备和网络设备三部分。

（1）GIS 主机：大、中、小型机，工作站/服务器和微型计算机。

（2）GIS 外部设备：各种输入和输出设备。

1）输入设备：图形跟踪数字化仪、图形扫描仪、解析和数字摄影测量设备等；

2）输出设备：各种绘图仪、图形显示终端和打印机等；

（3）GIS 网络设备：布线系统、网桥、路由器和交换机等。

## 1.3.2　计算机软件系统

GIS 软件用于执行 GIS 功能的各种操作，包括数据采集、数据编辑与处理、数据库管理、空间查询和空间分析、制图输出等。主要分为 GIS 专业软件、数据库软件、操作系统软件。

（1）GIS 专业软件：是具有丰富功能的通用 GIS 软件，包含了处理地理信息的核心模块和功能，可作为专题地理信息系统建设的开发平台。如 ArcGIS、MapGIS、SuperMap 等。

（2）数据库软件：包括用于支持复杂空间数据的管理软件和服务于以非空间属性数据为主的数据库系统。主要有：SQL Server、Oracle、Informix 等。

（3）操作系统软件：主要指计算机操作系统，如 Windows 7、Windows XP、Windows NT、UNIX 等。

## 1.3.3　空间数据

GIS 的操作对象是空间数据，它具体描述地理实体的空间特征、属性特征和时间特征。在 GIS 中，空间数据是以结构化的形式存储在计算机中的，称为地理空间数据库。目前主要采用 ArcGIS 平台下的地理空间数据库管理模块 Geodatabase 进行图形数据和属性数据的一体化存储。

## 1.3.4　系统管理和应用人员

系统管理和应用人员是 GIS 应用的关键，不仅需要对 GIS 技术和功能有足够的了解，而且需要具备有效、全面和可行的组织管理能力，如技术培训、硬件设备的维护和更新、软件功能的扩充和升级、数据更新、数据库建设、灵活选用地理分析模型提取信息为研究和决策服务等。

一个周密规划的地理信息系统项目应包括负责系统设计和执行的项目经理、负责信息管理的技术人员、负责用户化的应用工程师以及应用该系统的用户。

# 任务四　GIS可以做什么

## 1.4.1　要解决的问题

地理信息系统作为一种自动处理与分析系统，主要回答和解决数据采集——分析——决策——应用过程中的以下5类问题：

（1）位置：即"在某个地方有什么"。位置可采用地名、地理坐标、地理编码等数据表示。

（2）条件：即"符合某些条件的实体在哪里"。如，在某区域查找面积大于$2000m^2$且无植被覆盖、地质条件适宜于建设大型建筑的地块。

（3）趋势：即某个地方发生的某个事件及其随时间所发生的变化。如某市居民年人均消费水平变化趋势。

（4）模式：即分析与已经发生或正在发生事件有关的因素。模式分析揭示了地理实体之间的空间关系。

（5）模型：即某个地方如果具备某种条件会发生什么。这类问题的解决需要建立新的数据关系以产生解决方案。例如要兴建一所幼儿园，用来选址的评价指标可能包括10、15、20分钟可到达的区域；附近居住的7岁以下幼儿的人数、周围幼儿园的数量等情况。

## 1.4.2　GIS的基本功能

地理信息系统要解决的问题决定了其应具有的基本功能，主要有六种。

### 1. 数据采集与输入

数据采集与输入是地理信息系统获取数据的过程，即在GIS中将系统外部的原始数据传输给系统内部，并将这些数据从外部格式转换为系统便于处理的内部格式。主要有图形数据输入、属性数据输入、栅格数据输入等。

### 2. 数据编辑与处理

数据编辑与处理分为图形数据的编辑与处理和属性数据的编辑与处理。图形数据编辑与处理主要包括拓扑错误检查与处理、拓扑关系建立、数据拼接、数据提取、数据压缩、数据插值、误差校正、投影变换、格式转换等。属性数据编辑与处理主要包括属性库的建立、编码和更新等。

### 3. 数据存储与管理

数据存储是将地理空间数据以某种格式记录在计算机内部或外部存储介质中。数据存储中最关键的问题是如何将图形数据和属性数据进行组织。目前常采用的方法是利用空间数据库管理系统（Spatial Database Management System，SDBMS）软件进行图属数据的一体化存储和管理，如Oracle Spatial、SQL Server Spatial 2008、PostGIS以及ArcGIS的Geodatabase。

#### 4. 空间查询与分析

空间查询与分析是 GIS 的核心功能，是 GIS 区别于其他信息系统的根本特征。空间查询是指从空间数据文件、空间数据库中查找和提取所需要的数据。空间分析是指在地理空间数据和应用分析模型的支持下，对地理空间特征进行分析和运算，从而解决与空间有关的各种问题，以提供决策支持；主要包括缓冲区分析、叠加分析、泰森多边形分析、网络分析、统计分析等。如医院、学校、商场、交通场站等服务区位的选址问题可以利用网络分析中求解资源配置问题的方法来完成。

#### 5. 产品显示和输出

GIS 产品是指经由系统处理和分析，产生具有新的概念和内容，可以直接输出供用户使用的各种图形、图像、图表或文字。地图是 GIS 产品的主要表现形式，包括各种类型的专题图、统计图以及全要素图等。

通用的 GIS 平台，一般都具有定义制图环境、显示地图要素、符号化以及图幅整饰、制图输出等功能。

#### 6. 二次开发和编程

为使 GIS 技术应用于不同的行业领域，满足行业的特定需求，目前市面上通用的 GIS 商业软件平台都提供了二次开发环境，如 ArcGIS、MapGIS、SuperMap 等。用户可以选择自己熟悉的程序语言（VC＋＋、VB、C♯等）调用 GIS 的命令和函数，结合行业需要开发各种专题地理信息系统。

### 1.4.3　GIS 的应用领域

据统计，80％的行业都与地理空间数据有关，即 80％的行业都会用到地理信息系统。下面列出一些主要的 GIS 应用领域。

#### 1. 测绘与地图制图

地理信息系统技术源于机助制图。所有的地理信息系统都具有计算机制图的成分，GIS 软件可以输出普通地图和专题地图。特别是在遥感（Remote Sensing，RS）和全球卫星导航系统（Global Navigation Satellite System，GNSS）的支持下，可以为地理信息系统动态地提供海量的、高精度的地图数据，使得地图的成图周期大大缩短，地图成图精度大幅度提高，地图的品种大大丰富。

#### 2. 资源管理

资源的清查、管理和分析是地理信息系统最基本的职能。其主要任务是将各种来源的数据汇集在一起，并通过系统的统计和覆盖分析功能，按多种边界和属性条件，提供区域多种条件组合形式的资源统计和进行原始数据的快速再现。例如应用于农业和林业领域，解决农业和林业领域各种资源（如土地、森林、草场）分布、分级、统计、制图等问题。

#### 3. 城乡规划

常规的城乡规划设计是在测绘人员提供的测绘图件、资料下进行。由于 GIS 主要以数字地图的形式输入输出，查询、分析直观易懂，因此很容易被规划设计人员所接受。在 GIS 中，由于所获取的测绘基础数据详尽、可靠、准确，大大提高了城乡规划的科学性。同时计算机的高速运算和极强的逻辑判断功能，可在短时间内提供多方案对比，增加了规划设计方案的合理性。而且，计算机可以自动地生成各种规划用图、表格和报告，利用数据库又易于删补、更新，因而可以实现城市规划的动态监控和动态设计。通过对 GIS 的研究和使用，还可增强测绘人员和城市规划人员的协作,使信息的获取和使用臻于统一,促进城市规划工作。

### 4. 灾害监测

借助遥感数据的搜集,利用地理信息系统,可以有效地用于森林火灾的预测预报、洪水灾情监测和洪水淹没损失的估算,为救灾抢险和防洪决策提供及时准确的信息。例如黄河三角洲地区的防洪减灾研究表明,在 ARC/INFO 地理信息系统支持下,通过建立大比例尺数字地形模型和获取有关的空间和属性数据,利用 GIS 的叠置操作和空间分析等功能,可以计算出若干个泄洪区域内的土地利用及面积,比较不同泄洪区内房屋和财产损失等,以确定泄洪区内人员撤退、财产转移和救灾物资供应的最佳路线,保证以最快的速度有效应付突发事件的发生。

### 5. 环境保护

利用 GIS 技术建立城市环境监测、分析及预报信息系统,为实现环境监测与管理的科学化、自动化提供最基本的条件。在区域环境质量现状评价过程中,利用 GIS 技术作为辅助,实现对整个区域的环境质量进行客观、全面地评价,以反映出区域中受污染的程度以及空间分布状态。在野生动植物保护领域,世界野生动物基金会采用 GIS 空间分析功能,帮助世界最大的猫科动物改变它目前濒于灭种的境地。

### 6. 土地调查

土地调查是地籍管理的基础工作。随着社会发展,借助 GIS 技术可以进行地籍数据的管理、更新,开展土地质量评价和经济评价,输出地籍图,为用户提供所需信息,为土地的科学管理和合理利用提供依据。

### 7. 城市管网

城市管网包括供水、供气、排污、电力、通信等,是城市居民日常生活不可缺少的基本条件。GIS 提供的网络分析功能,为城市管网的设计、建设和管理提供了强有力的工具。

### 8. 交通

将 GIS 与多种交通信息分析和处理技术集成,可以为交通规划、交通控制、交通基础设施管理、物流管理、货物运输管理等提供操作平台。如,运输企业可以利用路径选择功能,根据专题图的统计分析功能,分析客货流量变化情况,选择最佳路径,编制行车计划;运输管理部门可以进行危险品等特种货物运输的路线选择和实时监控。

### 9. 商业

在全球协作的商业时代,85％以上的企业决策数据与空间位置相关,例如客户的分布、市场的地域分布、原料运输、跨国生产、跨国销售等。对于包罗万象的信息,传统方法局限于枯燥无味的数据处理和表现,缺乏直观性和决策可视化,而 GIS 能够帮助人们将电子表格和数据库中无法看到的数据之间的模式和发展趋势用图形清晰直观地表现出来,进行空间可视化分析,实现数据可视化、地理分析与主流商业应用的有机集成,从而满足企业决策多维性的需求。如,GIS 可以将抽象的数据表格变为直观明了的彩色地图,帮助企业进行商业选址,确定潜在市场的分布、销售和服务范围;寻找商业地域分布规律、时空变化的趋势和轨迹;优化运输线路,进行资源调度和资产管理等。

### 10. 导航

将 GIS 与 GNSS 相结合,配合城市电子导航地图及主要交通公路电子地图,提供车辆的实时导航与监控信息。GIS技术在该系统中主要提供图形化的人机界面、地图漫游、空间查询、路径选择等功能，GNSS提供车辆导航和定位功能，二者结合从而为车辆等交通工具提供实时具体的导航监控服务，以较低的造价和较短的时间提供交通系统效率和交通安全，降低交通拥堵等，使交通基础设施发挥出最大的服务功效。

### 11. 国防

将GIS、GNSS、RS技术运用到从战略构思到战术安排的各个环节，是现代战争的基本特点。如海湾战争期间，美国国防制图局在工作站上建立了GIS与RS的集成系统，它能用自动影像匹配和自动目标识别技术处理卫星和高空侦察机实时获得的战场数字影像，及时地将反映战场现状的正射影像叠加到数字地图上，数据直接传送到海湾前线指挥部和五角大楼，为军事决策提供24小时的实时服务。

### 12. 宏观决策支持

GIS利用拥有的数据库，通过一系列决策模型的构建和比较分析，为国家宏观决策提供依据。如系统支持下的土地承载力研究，可以解决土地资源与人口容量的规划。我国在三峡地区研究中，利用地理信息系统和机助制图的方法，建立环境监测系统，为三峡宏观决策提供了建库前后环境变化的数量、速度和演变趋势等可靠的数据。

GIS的应用日趋广泛，已成为城市规划、设施管理和工程建设的重要工具，同时还进入到军事战略分析、商业策划、移动通信、文化教育、精细农业、林业、应急处理乃至人们的日常生活当中，GIS已被公认为21世纪的支柱产业。

或许，只有你想不到，没有GIS做不到的。那就扫一扫，让我们深入了解一下GIS吧！

## 任务五　GIS与相关学科和技术的关系

GIS是传统科学与现代技术相结合的产物。由于GIS具有强大的空间分析能力，因而可为涉及空间数据分析的学科提供技术和方法，同时这些学科的发展也促进了GIS的发展。了解GIS与相关学科和技术的关系，能准确地理解GIS的概念。

### 1.5.1　GIS与地理学及地学数据处理系统

地理学为GIS提供了有关空间分析的基本观点与方法，是GIS的理论基础。GIS的发展也为地理问题的解决提供了新的技术手段、实现方法和途径，并使地理学研究的数学传统得到充分发挥。

地学数据处理系统是以地学数据的收集、存储、加工、集成、再生成等数据处理为目标，为GIS提供符合一定标准和格式数据的信息系统。作为GIS的外部数据处理，为GIS准备数据，如影像校正；作为GIS内部数据处理，已成为GIS空间分析的有机组成部分。

### 1.5.2　GIS与地图学

GIS脱胎于地图，是地图信息的一种新的载体形式。地图是GIS的重要数据源之一。地图学的理论与方法对GIS有着重要影响，但二者又有本质区别：地图强调的是数据分析、符号化与显示，而GIS则注重于信息分析。

### 1.5.3 GIS 与计算机科学

计算机科学对地理信息系统的发展有着深刻影响。GIS 的出现和发展与数据库技术、计算机辅助制图、计算机图形学等密不可分。

**1. GIS 与数据库管理系统**

GIS 基于空间数据库管理系统（SDBMS）管理地理空间数据和属性数据。因此，地理信息系统中必然包含具有数据库管理系统（Database Management System，DBMS）功能的模块，以实现对空间数据和属性数据的存储、管理、检索、分析和维护等功能。传统的 DBMS 主要是存储、查询和管理非空间的属性数据，并具备一些基本的统计分析功能，对于空间地理数据的管理则有很大局限性，例如：

（1）DBMS 缺乏描述空间关系的数据模型。由于空间关系复杂，目前流行的层次、网络、关系模型都难以对空间数据进行全面、灵活、高效的描述。

（2）DBMS 缺乏空间关系查询能力。DBMS 只能对实体的非几何属性进行查询，不能对实体的空间关系进行查询；而 GIS 可将空间数据与属性数据的查询有机地结合起来。

（3）DBMS 缺乏空间定义能力。DBMS 不能描述点、线、多边形等空间实体的几何数据类型；而 GIS 同时具有处理空间与属性数据的功能，可对空间实体的几何描述与属性描述进行处理。

（4）DBMS 缺乏空间分析功能。强大的空间分析功能正是 GIS 的本质特征。

**2. GIS 与计算机辅助设计**

计算机辅助设计（Computer-Aided Design，CAD）是利用计算机工具辅助设计人员进行设计，以提高自动化程度，节省人力和时间。专门用于制图的计算机辅助制图（Computer-Aided Design，CAM）系统是利用计算机工具进行几何图形的绘制和编辑。

GIS 有别于 CAD 系统，二者虽然都有参考系统，都能描述图形，但 CAD 系统只能处理规则的几何图形，属性库功能较弱，缺乏分析和判断能力。

**3. GIS 与管理信息系统**

管理信息系统（Management Information System，MIS）是以管理为目的，在计算机硬软件支持下，存储、处理、管理、分析非空间数据的信息系统，如财务管理信息系统、营销管理信息系统等。与 GIS 的主要区别在于 GIS 对图形数据和属性数据共同管理、分析和应用，而 MIS 一般只管理属性数据。

**4. GIS 与计算机图形学**

计算机图形学是利用计算机处理图形信息并借助图形信息进行人机通信处理的技术，是 GIS 算法设计的基础。GIS 是随着计算机图形学技术的发展不断进步的，但计算机图形学所处理的图形数据是不包含地理属性的纯几何图形，是地理空间数据的几何抽象，可以实现 GIS 底层的图形操作，但不能完成数据的地理模型分析和其他具有地理意义的数据处理，不能构成完整的 GIS。

# 任务六 GIS 的未来

2015 年 6 月，《全国基础测绘中长期规划纲要（2015—2030 年）》发布。其中，明确到 2020 年的中期任务主要有五个：一是现代化测绘基准和卫星测绘应用体系建设，包括形成覆盖我国全部陆海国土，大地、高程和重力控制网三网结合的现代化高精度测绘基准体系及提升卫星测绘服务能力等；二是基础地理信息资源建设与更新，包括数字地理空间框架、重点地区基础测绘、全球地理信息资源建设等；三是基础设施建设，包括地理信息数据获取技术装备、国家地理信息公共服务平台"天地图"建设等；四是地理信息公共服务，包括地理信息公共服务体系、地理国情监测业务工作体系、应急测绘等；五是测绘地理信息科技创新和标准化建设，包括测绘地理信息自主创新体系和标准体系、智慧城市地理空间框架和时空信息平台建设等。

由以上任务，从应用性的角度出发，未来 GIS 的发展主要有以下几个方面。

**1. GIS 网络化**

GIS 与网络技术相结合，通过分布式空间数据库，为用户提供空间数据浏览、查询和分析功能，形成一个网络化的地理空间集成平台。网络化已经成为 GIS 发展的必然趋势。

**2. GIS 标准化**

由于空间数据标准不统一，造成目前 GIS 在数据共享方面仍有阻碍。未来，GIS 软硬件及数据的标准化将在国际、国家、省、市、县和机构范围内多层次地进行，其内容包括 GIS 的组成部分、操作过程、数据类型、软硬件系统等。标准化的实现将使人们真正地共享信息和资源。

**3. GIS 企业化**

GIS 网络化使得 GIS 在机构内部各部门之间更有效地进行通信、交流和资源共享。企业和机构可以从更高的层次上对 GIS 在企业中的使用进行统筹安排和计划。

**4. GIS 全球化**

目前，世界各国都在积极地发展和使用 GIS，制定和地理信息有关的政策，开展国家级项目。随着 GIS 网络化的推进和标准化的制定和实施，GIS 全球化必将成为未来发展的最终目标。

**5. GIS 大众化**

GIS 不仅在国际舞台上越来越受到重视，而且在人们的日常生活中也广泛地被利用。通过手机客户端软件，人们可以轻松地进行定位和导航、选择最佳路线、查找餐馆、酒店、购物中心、旅游景点等，GIS 已渗透到千家万户。

扫一扫，了解 2015～2020 年中国地理信息产业发展前景与未来发展趋势分析。

## 知 识 考 核

1. 什么是地理信息系统（GIS）？
2. GIS 的发展历史和发展前景如何？
3. GIS 的主要组成部分有哪些？
4. GIS 可以解决哪些问题？
5. GIS 与其他学科和技术的关系如何，主要区别是什么？
6. GIS 的应用领域有哪些？
7. 查阅文献资料，结合具体应用案例，撰写读书报告，分析 GIS 技术在某一行业的应用。

# 项目二　与 GIS 有关的基本问题

## 项目概述

地理空间是地理信息系统分析与研究人类现实生活环境的重要对象，对地球形状进行数学的描述是深入研究地理空间的基础。介绍了地理空间的基本概念与数学基础、常用坐标系统、地图投影等相关内容，最后阐述如何进行地图分幅与编号。

## 学习目标

1. 了解地理空间的基本概念；
2. 理解地理空间的数学基础；
3. 掌握常用的坐标系统；
4. 理解地图投影的基本含义；
5. 掌握高斯—克吕格投影的基本原理与特点；
6. 理解地图投影分带的两种方法与原理；
7. 掌握地图分幅与编号方法。

## 任务一　地理空间

在测绘地理信息学科中，研究对象为地球表面，测量工作也主要是在地球表面上进行的。因此，熟悉地理空间在测绘地理信息领域中的基本含义，准确科学地描述地理空间并建立相关数学模型，可以为地理信息系统的空间数据定位、表达、转换与分析提供基础。

### 2.1.1　地理空间的概念

测绘地理信息领域，地理空间（geo-spatial）是指人类在赖以生存的地球表面上认知到的地理事物与地理现象，以及相互之间时空关联关系等的总和。一般将人类赖以生存的地球表面空间区域认为是地理空间，包含地理事物与地理现象的空间位置、空间分布及二者之间的空间关系等信息。地理空间是人类活动最为活跃的场所，是地理学与地球空间信息科学的重要研究内容。在地理信息系统中，一般用"地理空间"来表达空间的含义。

### 2.1.2　地理空间数学基础

地球表面高低起伏不一，因而难以用一个确切的数学表达式来对地理空间进行描述和建立相关的数学模型。在测量与制图实际工作中，人们一般利用地球椭球体对地球形状进行近似与概括。地球椭球体是以大地水准面为基准建立的地球椭球体模型，是一个绕自转轴（短轴）旋转形成的椭球体，这样构成的椭球表面即为一个规则的表面，如图 2-1 所示。

椭球体的大小用长半径 $(a)$、短半径 $(b)$ 与扁率 $(\alpha)$ 来表示。扁率 $\alpha$ 表示椭球的扁平程度，计算公式为：

$$\alpha = (a-b)/b$$

还可以用两个派生参数来表示地球椭球体。

第一偏心率 $e$：

$$e^2 = (a^2 - b^2)/a^2$$

第二偏心率 $e'$：

$$e'^2 = (a^2 - b^2)/b^2$$

目前，我国采用的大地坐标系为 2000 国家大地坐标

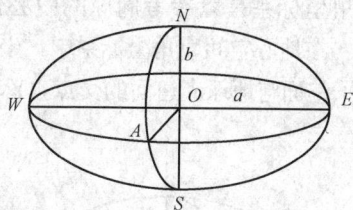

图 2-1　地球椭球体示意图

系，该坐标系是全球地心坐标系在我国的具体体现，其具体参数为：

长半轴 $a$：

$$a = 6378137\text{m}$$

扁率 $\alpha$：

$$\alpha = \frac{a-b}{b} = 1/298.257222101$$

要了解更多地理空间中常用的测量术语及其含义，扫我吧！

# 任务二　坐　标　系　统

在地理空间中，坐标即是确定地理空间对象位置关系的数据集合；而坐标系统是一种特定的数学模型，在该模型中，地理空间中的每个点都被一组坐标数据唯一标识，而这些坐标数据都是相对于一个固定基准得到的。

建立地理坐标系的主要目的是为了确定地面点的空间位置。地面点的空间位置一般由三个量确定，其中两个量是地面点在基准面的坐标，称为点的地理坐标；第三个量是地面点沿投影线到基准面的距离，称为高程。

## 2.2.1　大地坐标系

大地坐标系是以参考椭球面及其法线作为基准面和基准线。常用大地坐标系是以参考椭球的中心作为原点的右手坐标系，地面点的位置用大地经度 $L$、大地纬度 $B$ 与大地高程 $H$ 表示。建立大地坐标系，就是确定椭球的大小、形状、椭球的中心位置（定位）与椭球坐标轴的指向。经过定位后参考椭球的中心往往与地球的质心不一定能完全重合，导致采用不同参考椭球参数的国家或地区测得的大地坐标之间存在一定差异。正因为此，把大地坐标系分为地心大地坐标系和参心大地坐标系。

在地心大地坐标系中，地面上某点的大地经度 $L$ 为过格林尼治天文台的起始大地子午面与该点所在大地子午面所构成的二面角，由起始子午面起算，向东为正，称为东经（0°～180°），向西为负，称为西经（0°～180°）；地面上某点的大地纬度 $B$ 是经过该点作椭球面的法线与赤道面的夹角，由赤道面起算，向北为正，称为北纬（0°～90°），向南为负，称为南纬（0°～90°）；地面上某点的大地高程 $H$ 是该点沿椭球的法线到椭球面的距离。

注意：地面点的大地经度 $L$、大地纬度 $B$ 与大地高程 $H$ 只能推算，不能直接测量。

## 2.2.2　空间直角坐标系

伴随着卫星大地测量的发展，空间直角坐标系在军事与民用领域的使用日趋广泛。空间

13

直角坐标系是以参考椭球的中心作为坐标原点，是右手坐标系。

在地心空间直角坐标系中，坐标原点与地球质心重合，Z 轴指向地球北极，X 轴指向格林尼治子午面与地球赤道面的交点，Y 轴垂直于 XOZ 面，构成右手坐标系，如图 2 - 2 所示。

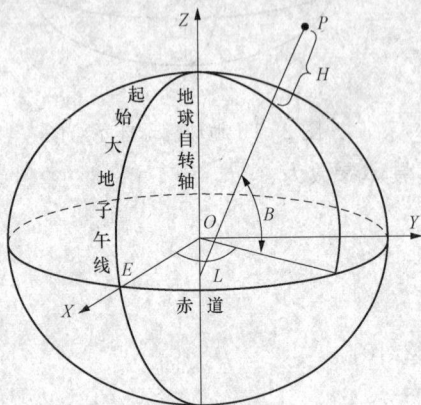

图 2 - 2　大地坐标系与空间直角坐标系

### 2.2.3　平面直角坐标系

在测量工作中，有时为了便于测量计算，常采用平面直角坐标系来表示地面点的平面位置；平面直角坐标系是在椭球面大地坐标系的基础上经投影转化而来，在我国主要采用高斯投影，因此又称为高斯平面直角坐标系。

测量中采用的高斯平面直角坐标系以 X 轴作为纵坐标轴，表示南北方向，向上为正、向下为负；以 Y 轴作为横坐标轴，表示东西方向，向东为正，向西为负。

平面直角坐标系与大地坐标系可以通过两者之间的一一对应关系用数学表达式进行相互转换计算，这个过程叫作地图投影。关于地图投影的内容，在任务三中将详细介绍。

### 2.2.4　高程

利用大地坐标系或者平面直角坐标系仅仅是确定了地面点在椭球表面上或者平面上的位置，但尚未表达出准确的空间位置，这需要第三个量来表示，即高程。

高程是地面点到基准面的垂直距离。根据参考椭球选用的基准面不同，高程有所不同。在测量工作中，一般以大地水准面作为基准面，那么高程就是地面点沿铅垂线到大地水准面的距离，称为海拔或者绝对高程，简称为高程。

地面两点之间的高程之差，称为高差，又称为相对高程。

目前我国采用的 1985 国家高程基准是以青岛港验潮站的长期观测资料推算出的黄海平均海面作为中国的水准基面，即零高程面。中国永久性水准原点位于青岛观象山山顶处，由中国人民解放军总参测绘局于 1956 年建成，作为中国的海拔起点，全国各地的海拔高度皆由此点起算。

### 2.2.5　常用大地坐标系

我国常用的大地坐标系有北京 54 坐标系、西安 80 坐标系、2000 国家大地坐标系与 WGS84 坐标系。常用直角坐标系主要是按 3°或 6°高斯投影得到的平面直角坐标系，以及各地方独立坐标系（如 1987 年昆明坐标系）。

1. 北京 54 坐标系

新中国成立之初，我国大地测量进入了全面发展时期，在全国范围内开展正规、系统、全面的大地测量和测图工作，迫切需要建立一个参心大地坐标系。当时采用的是苏联的克拉索夫斯基椭球参数（$R = 6378245\text{m}$，$\alpha = 1/298.3$），并与苏联 1942 普尔科沃坐标系进行联测，通过计算建立了我国的大地坐标系，命名为 1954 年北京坐标系，简称北京 54 坐标系。

北京 54 坐标系可以认为是苏联 1942 年普尔科沃坐标系的延伸，其坐标原点不是在北京而是在苏联的普尔科沃。北京 54 坐标系大地点高程是以 1956 年青岛验潮站求出的黄海平均海水面为基准，高程异常是以苏联 1955 年大地水准面重新平差结果为起算值，按我国天文水准路线推算出来的。

在北京 54 坐标系上，我国实施了天文大地网的局部平差，通过高斯－克吕格投影得到点位的平面，完成了大量的测绘工作，测制了各种比例尺地形图，在我国国民经济建设和国防建设多个领域中发挥了巨大作用。

2. 西安 80 坐标系

为进行全国天文大地网整体平差，满足国防与经济建设需要，1978 年 4 月在西安召开了全国天文大地网平差会议，确定新的定位与定向，建立 1980 年国家大地坐标系，简称为西安 80 坐标系。

1980 年国家大地坐标系采用地球椭球基本参数为 1975 年国际大地测量与地球物理联合会第十六届大会推荐的数据（$R=6378140\mathrm{m}$，$\alpha=1/298.257$）。西安 80 坐标系是参心坐标系，椭球 $Z$ 轴平行于由地球地心指向 1968.0 地极原点（JYD）的方向；大地起始子午面平行于格林尼治平均天文台子午面，$X$ 轴在大地起始子午面内与 $Z$ 轴垂直，指向零经度方向；$Y$ 轴与 $X$、$Z$ 轴成右手坐标系。西安 80 坐标系的大地原点设于我国中部的陕西省泾阳县永乐镇，位于西安市西北方向约 60km，简称西安大地原点。高程系统基准面采用青岛港验潮站 1952～1979 年确定的黄海平均海水面（即 1985 国家高程基准）。

3. 2000 国家大地坐标系

2000 国家大地坐标系是我国当前最新的国家大地坐标系，英文名称为 China Geodetic Coordinate System 2000，英文缩写为 CGCS2000。

随着社会的进步，国民经济建设、国防建设和社会发展、科学研究等对国家大地坐标系提出新的要求，迫切需要采用原点位于地球质量中心的坐标系统（即地心坐标系）作为国家大地坐标系。采用地心坐标系有利于采用现代空间技术对坐标系进行维护与快速更新，测定高精度大地控制点三维坐标，并提高测图精度与工作效率。自 2008 年 7 月 1 日起，中国全面启用 2000 国家大地坐标系。

2000 国家大地坐标系是全球地心坐标系在我国的具体体现，其坐标原点位于包括海洋和大气的整个地球的质量中心。2000 国家大地坐标系的 $Z$ 轴由原点指向历元 2000.0 的地球参考极的方向，该历元的指向由国际时间局（BIH）给定的历元为 1984.0 作为初始指向来推算，定向的时间演化保证相对于地壳不产生残余的全球旋转；$X$ 轴由原点指向格林尼治参考子午线与地球赤道面（历元 2000.0）的交点；$Y$ 轴与 $Z$ 轴、$X$ 轴构成右手正交坐标系。2000 国家大地坐标系的尺度为在引力相对论意义下的局部地球框架下的尺度。

2000 国家大地坐标系采用的地球椭球参数数值为：

长半轴　　　　　$\alpha=6378137\mathrm{m}$

扁率　　　　　　$\alpha=1/298.257222101$

地心引力常数　$GM=3.986004418\times10^{14}\mathrm{m^3s^{-2}}$

自转角速度　　$\omega=7.292115\times10^{-5}\mathrm{rad/s}$

4. WGS-84 坐标系

随着卫星大地测量，尤其是 GNSS 的广泛应用，WGS-84 坐标系逐渐被人们认知。WGS-84 坐标系（World Geodetic System-1984 Coordinate System）是一种国际上采用的地心坐标系。

WGS-84 坐标系的坐标原点位于地球质心，其地心空间直角坐标系的 $Z$ 轴指向国际时间局 1984.0 定义的协议地球极（CTP）方向，$X$ 轴指向国际时间局 1984.0 的零子午面和

CPT 赤道的交点，$Y$ 轴与 $Z$ 轴、$X$ 轴垂直构成右手坐标系。

对应 WGS-84 坐标系的 WGS-84 椭球，其参数数值为：

长半轴 $a=6378137m$

扁率 $\alpha=1/298.257223563$

### 5. 地方独立坐标系

我国许多城市为了城市建设与规划方便、实用与科学，将地方独立测量控制网建立在当地的平均海拔高程面上，以当地区域中心子午线（尽量取国家坐标系 3°带的中央子午线）作为中央子午线进行高斯投影得到平面坐标。这些控制网以地方独立坐标系为参考，有自己的原点与定向。地方独立坐标系隐含着一个与当地平均海拔高程对应的参考椭球，该椭球的中心、轴向和扁率与国家参考椭球相同，只是其长半径有一定的改正量，通常把该参考椭球称为"地方参考椭球"。例如 1987 年昆明坐标系即为昆明市规划局为便于城区建设与规划建立的地方独立坐标系，是以北京 54 坐标系的椭球建立的城建坐标系，中央子午线为区域中心经度 102°15′。

# 任务三 地 图 投 影

在历史长河中，经过长久的观察与测量，人们认识到地球并非"天圆地方"，而是一个近似球体的形状，确切地说是一个以椭圆短轴为旋转轴旋转形成的椭球体。这种形体与我们现在见到的地球仪大致相似，了解或分析研究地表各种信息最为理想的方法是将巨大的地球缩小制作成地球仪，以保证各种对象的空间位置关系保持不变。然而，地球仪无法表达巨大地球表面上的复杂对象，同时制作成本高，不便于携带与测量使用。

为了详细研究分析地球表面的复杂对象，必须依靠地图。地图比例尺可大可小，可以根据具体的需要详略地表达地表各种自然与社会经济要素与现象，且便于制作、携带、保管与使用。

由于地球表面是不可展平的曲面，而地图则是连续的平面，如果用地图表示地球表面的全部或局部，则会产生无法解决的矛盾——球面与平面的矛盾；如果强行将地球表面展为平面，不可避免地要产生不规则的褶皱与裂缝。为了解决将不可展平球面的图形变换到连续的地图平面上，就必须进行地图投影。

## 2.3.1 地图投影

地图投影是指建立地球表面上的点与投影平面（即地图平面）上点之间的一一对应关系的方法，如图 2-3 所示。其实质是建立了地球椭球面上的点的大地经纬坐标 $(L, B)$ 与地图平面上的点的坐标 $(x, y)$ 之间的函数关系，可以用数学表达式表示，即

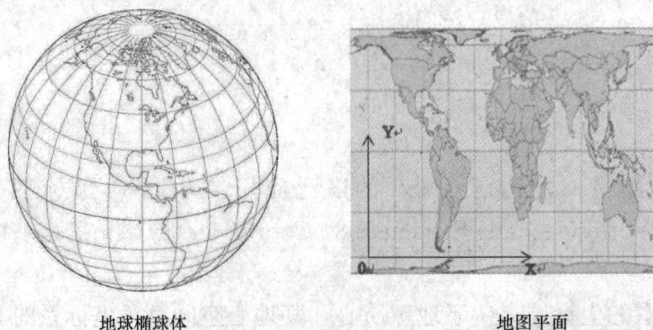

地球椭球体　　　　　　　　地图平面

图 2-3　地图投影示意图

$$\begin{cases} x = f_1(L, B) \\ y = f_2(L, B) \end{cases} \qquad (2-1)$$

式（2-1）表示了椭球面上的一点同投影平面上对应点之间坐标的解析关系，解决了由不可展平椭球面描绘到地图平面上的矛盾。不同投影方法对应着不同的函数关系，即具有不同的投影公式。

## 2.3.2 地图投影的变形与分类

通过地图投影虽然解决了不可展平地球椭球面与连续地图平面之间的矛盾，但不管采用什么样的投影方法，都不可避免地产生角度、距离或者面积上的变形。大多数情况下，对于范围较小的区域，认为地表即为平面，不存在变形；但对于范围较大的区域，甚至整个地球来讲，由于将不可展平的椭球面投影为连续的平面，投影后的图形必然会存在一些地方被拉伸，而另一些地方被压缩的情况。

通常，地图投影有三种变形：长度变形、角度变形与面积变形。根据投影中变形的性质，可以将地图投影分为等角投影、等面积投影和任意投影。等角投影使区域投影前后的形状保持不变。等面积投影使投影前后面积保持不变。任意投影在投影后可能同时存在距离、角度与面积中一种或多种变形，但各种变形比较均衡，多个变量整体变形比较小。等角投影与等面积投影不能同时存在，等角投影以牺牲面积为代价，同样等面积投影以牺牲等角为条件。

按照投影面与地球轴向的相对位置可以将地图投影分为正轴投影（投影面中心轴线与地轴重合）、斜轴投影（投影面中心轴线与地轴相交）与横轴投影（投影面中心轴线与地轴垂直）。

地图投影按正轴投影经纬线形状可以分为方位投影、圆柱投影和圆锥投影，如图 2-4 所示。

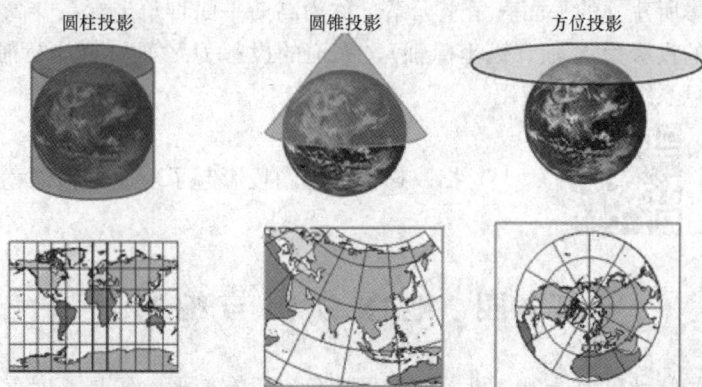

图 2-4 投影示意图

地图投影按照投影面与地球相切或相割可以分为切投影和割投影。

对于一种地图投影，完整的命名应考虑以下几个方面：地图投影的性质（等角、等面积、任意）；投影面与地球轴向的相对位置（正轴、斜轴、横轴）；投影面经纬线形状（方位、圆柱、圆锥）；投影面与地球椭球体的相互关系（相切、相割）。

### 2.3.3 常用地图投影

高斯投影是我国常用的地图投影，是一种等角横切椭圆柱投影，最早在19世纪20年代由德国数学家、天文学家高斯提出，后来经过德国大地测量学家克吕格对公式加以补充、完善，因此也称为高斯—克吕格投影，又称为横轴墨卡托投影、切圆柱投影。

我国基本比例尺地形图1∶50万、1∶25万、1∶10万、1∶5万、1∶2.5万、1∶1万、1∶5000均采用高斯—克吕格投影。其中大于1∶1万的地形图采用3°带；1∶2.5万至1∶50万的地形图采用6°带。

高斯投影的基本原理是：假设一个椭圆柱面与地球椭球体面横切于某一条经线上，按照等角条件将中央经线东、西各3°或1.5°经线范围内的经纬线投影到椭圆柱面上，然后将椭圆柱面沿过极点的母线切开展成平面，即为高斯投影平面，如图2-5所示。

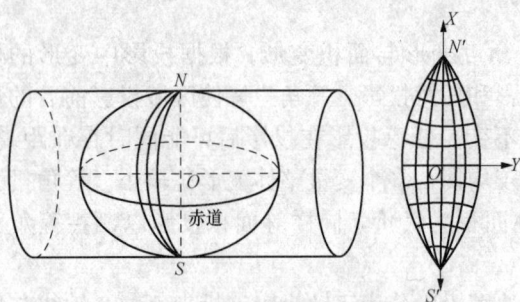

图2-5 高斯—克吕格投影示意图

高斯投影具有如下特点：

(1) 中央子午线投影为一条直线，且无长度变形。

(2) 其他子午线（经线）投影为凹向中央子午线的曲线。

(3) 赤道投影为垂直于中央子午线的一条直线。

(4) 纬线投影为凸向赤道的曲线。

(5) 离中央子午线越远，投影后长度变形越大。

(6) 投影前后整个范围角度保持不变，在小范围区域内图形保持相似。

(7) 具有对称性，面积有变形。

根据高斯投影所建立的平面直角坐标系，称为高斯平面直角坐标系。高斯平面直角坐标系以中央子午线的投影为 $X$ 轴（纵坐标轴），赤道的投影为 $Y$ 轴（横坐标轴），在测量、地图制图与地理信息系统中广泛应用。

扫一扫：当地图投影起了玩心，结果竟是这样。

# 任务四 地图分幅与编号

从高斯投影的特性可以看出，投影前后虽然角度没有变形，但是长度存在着变形，而且离中央子午线越远，长度变形越大。长度变形太大对测图、测量计算与用图都不利，必须要对长度变形进行限制。

### 2.4.1 投影分带

利用投影分带的方法可以限制投影长度变形，即采用分带的方法把投影区域限制在中央子午线两边的一定范围内，按经差将参考椭球面划分成若干个投影带，每个投影带分别按高斯投影的方法进行投影。投影分带的原则是保证长度变形满足测量的要求，同时使分带数量尽可能少。

我国通常采用经差6°分带和3°分带两种方法。一般情况下，测图比例尺小于1∶1万时采用6°分带，比例尺大于等于1∶1万时采用3°分带。

6°分带是从零子午线起，自西向东，每6°为一个投影带，全球共划分为60带，各带带号用阿拉伯数字1，2，3，…，60表示（图2-6）。东半球划分成30个投影带，即以东经0°～6°为第1带，东经6°～12°为第2带，以此类推；西半球亦划分成30个投影带，以西经180°（与东经180°为同一条经线）～174°为第31带，以此类推，西经6°～0°为第60带。我国领土位于东经72°～136°，共包含11个投影带，即位于13～23带。

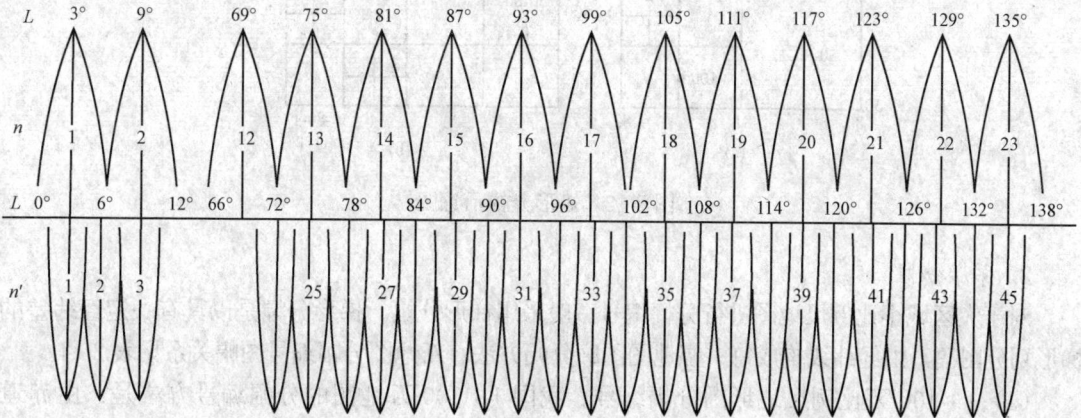

图2-6 高斯-克吕格投影分带示意图

3°分带是从东经1°30′的经线开始，自西向东，每3°为一个投影带，全球划分为120带，带号同样用阿拉伯数字1，2，3，…，120表示。东经1°30′～4°30′为第1带、东经4°30′～7°30′为第2带、…、东经178°30′～西经178°30′为第60带、西经178°30′～175°30′为第61带、…、西经1°30′～东经1°30′为第120带。

高斯平面直角坐标系，纵坐标轴$X$为中央子午线的投影，横坐标轴$Y$为赤道的投影，两坐标轴的交点为坐标原点。$X$坐标值在赤道以北为正，以南为负；$Y$坐标值在中央子午线以东为正，以西为负。我国位于北半球，$X$坐标值均为正值，$Y$坐标值则有正值也有负值。为了使用方便，避免$Y$坐标出现负值，可将各带的$Y$坐标都加上500km，这样全部都变为正值。由于采用了分带投影的方法，各带投影完全相同，为了区分不同带中坐标相同的点，规定在$Y$坐标前面加上带号，这样的坐标称为通用坐标。

### 2.4.2 地图分幅与编号

在地图生产管理与使用过程中地图分幅与编号具有重要意义。地图分幅有矩形（坐标格网）分幅与梯形（经纬线网）分幅两种方式（图2-7）。

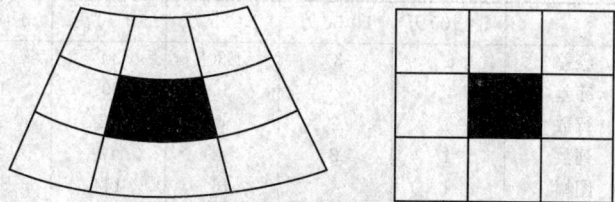

图2-7 地图分幅示意图

#### 1. 矩形分幅

一般情况下对于大比例尺地形图，主要是比例尺大于1∶5000的地形图采用矩形分幅。矩形分幅是按一定大小的矩形划分图幅，每一图幅都有一个矩形的图廓，其图幅编号用图廓西南坐标以公里为单位表示，如图

2-8 所示。矩形的大小依据地图用途、制图大小、印刷或纸张来确定，有 50cm×50cm、50cm×40cm、40cm×40cm 几种。

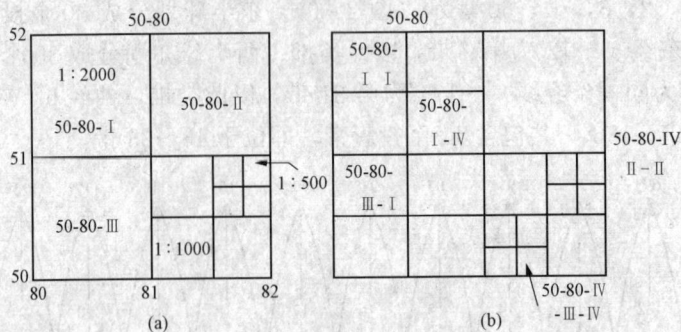

图 2-8　矩形分幅示意图

### 2. 梯形分幅

对于大区域小比例尺地图进行分幅编号一般采用梯形分幅。梯形分幅是以具有一定经纬差的梯形划分图幅，由经纬线构成每一幅地图图廓分幅方法。新地图分幅编号图幅关系见表 2-1。

（1）1∶100 万比例尺地形图分幅编号。我国 1∶100 万地图的分幅编号方法是：由赤道起算，每隔纬差 4°为一横行，北纬至 88°，为 22 行，依次用英文大写字母 A、B、…、V 代表相应的行号，我国处于北半球图幅冠以 N；从 180°经线（东经 180°与西经 180°重合）起算，自西向东每隔 6°经差为一纵列，全球划分为 60 列，依次用 1、2、…、60 表示列号。这样每一幅 1∶100 万地图编号就可以取"行高列号"来表示。昆明所在的 1∶100 万地图编号为"NG48"，由于我国处于北半球，习惯将编号前的"N"省略。

（2）1∶1 万～1∶50 万比例尺地形图分幅编号。1∶1 万～1∶50 万包括 6 种比例尺地形图，如图 2-9 所示，分幅编号都是在 1∶100 万编号的基础上进行的，都是由 10 个代码组成，其中前三位是所在 1∶100 万地图的行号（1 位）和列号（2 位），第四位是该比例尺代码，每种比例尺代码见表 2-2。后面六位分为两段，前三位是图幅的行号数字编码、后三位是图幅的列号数字编码；行号与列号数字编码的编号方法是一样的，行号从上至下，列号从左向右顺序编排，不足三位时前面补"0"，如图 2-9 所示。

表 2-1　　　　　　　　　　新地图分幅编号图幅关系

| | 1∶100 万 | 1∶50 万 | 1∶25 万 | 1∶10 万 | 1∶5 万 | 1∶2.5 万 | 1∶1 万 | 1∶5000 万 |
|---|---|---|---|---|---|---|---|---|
| 经差 | 6° | 3° | 1°30′ | 30′ | 15′ | 7′30′ | 3′45′ | 1′52.5″ |
| 纬差 | 4° | 2° | 1° | 20′ | 10′ | 5′ | 2′30′ | 1′15″ |
| 行数 | 1 | 2 | 4 | 12 | 24 | 48 | 96 | 192 |
| 列数 | 1 | 2 | 4 | 12 | 24 | 48 | 96 | 192 |
| 图幅 | 1 | 4 | 16 | 144 | 576 | 2304 | 9216 | 36864 |
| 数量 | | 1 | 4 | 36 | 144 | 576 | 2304 | 9216 |
| | | | 1 | 9 | 36 | 144 | 576 | 2304 |
| | | | | 1 | 4 | 16 | 64 | 256 |
| | | | | | 1 | 4 | 16 | 64 |
| | | | | | | 1 | 4 | 16 |
| | | | | | | | 1 | 4 |
| | | | | | | | | 1 |

表 2 - 2                     地形图比例尺代码

| 比例尺 | 1：50万 | 1：25万 | 1：10万 | 1：5万 | 1：2.5万 | 1：1万 |
|--------|---------|---------|---------|--------|----------|--------|
| 代码 | B | C | D | E | F | G |

图 2 - 9　地图分幅编号示意图

扫一扫：换个角度看世界：关于竖版地图的三个事实。

# 知 识 考 核

1. 如何理解地理空间的含义？
2. 常用的大地坐标系有哪些？
3. 高斯-克吕格投影的基本原理是什么？该投影有什么特点？
4. 如何将 3°带投影变换为 6°带投影？
5. 地图分幅有哪些分幅方法？怎么确定图幅编号？
6. 说明图 2-10 地图分幅编号示意图中 G48B002001 代表的含义。

# 项目三　GIS 的空间数据结构

## 项目概述

地理信息系统处理的对象是空间数据。什么是空间数据？如何将现实世界转化为可以被识别的空间数据？空间数据如何进行存储？以此展开介绍矢量数据结构与栅格数据结构的概念等内容。

## 学习目标

1. 能理解地理实体的概念；
2. 能描述矢量数据结构的基本概念与表示方法；
3. 能描述矢量数据的采集方法；
4. 能理解拓扑的概念，描述拓扑性质及常见的拓扑关系；
5. 能描述栅格数据结构的基本概念与表示方法；
6. 能描述栅格数据的采集方法；
7. 能理解栅格单元属性的含义，并描述决定栅格单元属性的方法；
8. 能比较矢量数据结构和栅格数据结构的优缺点。

## 任务一　地理实体与空间数据结构

### 3.1.1　地理实体

地理实体，是指在人们生存的地球表面附近的地理图层（大气层、水层、岩石层、生物层）中可相互区分的事物和现象，即地理空间中的事物和现象。实体既可以指个体，也可以指总体，即个体的集合。

任何一个地理实体都具备三个基本特征：

1）空间特征：用以描述事物或现象的地理位置及空间相互关系；

2）属性特征：用以描述事物或现象的特性；

3）时间特征：用以描述事物或现象随时间的变化。

对应的空间数据类型包括：

1）空间数据：描述地理实体空间特征的数据，即说明"在哪里"，如用 $X$、$Y$ 坐标或经度、纬度来表示。

2）关系数据：描述地理实体之间空间关系的数据，如邻接、关联、包含等，主要是指拓扑关系。拓扑关系是一种对空间关系进行明确定义的数学方法。

3）属性数据：描述地理实体属性特征的数据，即说明"是什么"，如类型、等级、名称、状态、材质、用途等。

4）时间数据：描述地理实体在某个特定的时间点所具有的特征。

不同类型的地理实体都可以抽象为点、线、面三种基本图形要素来表示人们赖以生存的自然世界。点既可以表示地理空间实际存在的地物，也可以是地理实体的标识点，还可以是线或面域多边形的结点。线用于表示河流道路等线状地物，采用至少存在一个相同公共属性的多个点有序地连接而成；起点与终点表示线的方向，相同公共属性点表示线的轨迹。面又称之为多边形，是线所包围的边界构成的完全闭合的具有相同属性的空间区域。

### 3.1.2　空间数据结构

所谓数据结构就是数据的组织形式，是适合于计算机存储、管理与分析处理的数据编辑表达。空间数据结构是指空间数据适合于计算机存储、管理、处理的逻辑结构，即是指空间数据以什么样的形式在计算机中存储和处理，主要分为矢量数据结构和栅格数据结构，如图 3-1 所示。

# 任务二　矢 量 数 据 结 构

矢量数据结构是通过记录坐标的方式尽可能准确地表示点、线、面等地理实体空间分布的一种数据组织形式。在 GIS 中，矢量数据结构就是代表地图图形的各个离散点的平面坐标的有序集合，可以很好地表达地理实体的空间分布特性。

在矢量数据结构中，点是由一对 $(x, y)$ 坐标表示，即 $(x, y)$；线是由一串有序的 $(x, y)$ 坐标对表示，即 $(x_1, y_1)$，$(x_2, y_2)$，…，$(x_n, y_n)$；面是由一串或几串有序的且首尾坐标相同的 $(x, y)$ 坐标对及面标识表示，即 $(x_1, y_1)$，$(x_2, y_2)$，…，$(x_i, y_i)$ …，$(x_n, y_n)$，如图 3-2 所示。

目前，矢量数据主要通过以下两种方式来获取：

（1）由外业测量获得。利用各种测量仪器外业采集地理实体的空间坐标信息，将坐标数据存储到地理空间数据库中；

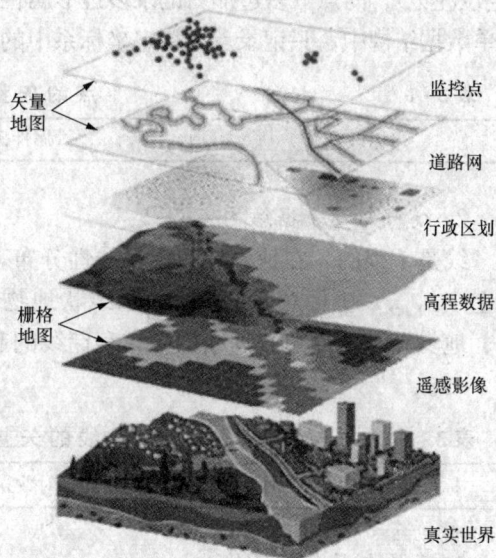

图 3-1　地理空间数据表达示意图

（2）由栅格数据转换得到。利用栅格数据矢量化技术，把栅格数据转化为矢量数据，如扫描数字化。

矢量数据结构按其是否描述地理实体间的空间关系，又分为简单数据结构和拓扑数据结构两大类。

### 3.2.1　简单数据结构

简单数据结构不含有拓扑关系，主要用以单纯地描述地理实体的空间位置特征，常用于矢量数据的显示、输出及一般的查询和检索，按点、线、面三种基本形式描述。

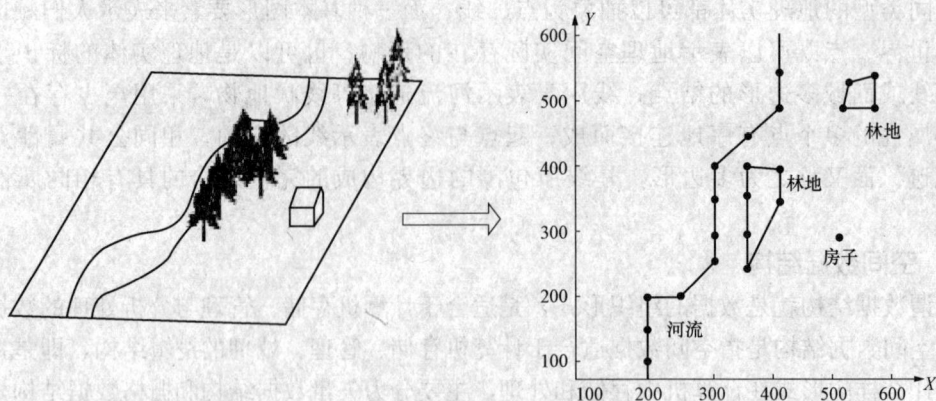

图 3-2　点状实体、线状实体、面状实体示意图

**1. 点的矢量数据结构**

点是 0 维的，既没有大小也没有方向，主要表示独立地物、控制点、场站码头等。点在地理空间中不可再分，可以是具体的，也可以是抽象的，包括实体点（表示 1 个实体）、注记点（定位注记）、内点（多边形内记录多边形属性信息）与结点（线的起点、终点与内部点）等。简单数据结构中，只记录点在特定坐标系中的坐标值与属性代码以及标识码，见表 3-1。

表 3-1　　　　　　　　　　　　　　　点 的 矢 量 数 据 结 构

| 标识码 | 属性码 | $x, y$ 坐标 |
|---|---|---|
|  |  |  |

**2. 线的矢量数据结构**

线是 1 维的，在地理空间中呈线性分布，具有长度、曲率、方向与角度等。线由两对及以上（$x, y$）坐标对表示，可表示线状地物、符号线和多边形边界，如道路、河流、海岸线、地类界等。简单数据结构中，存储线的起止点与节点的坐标、属性、标识码等信息，见表 3-2。

表 3-2　　　　　　　　　　　　　　　线 的 矢 量 数 据 结 构

| 标识码 | 属性码 | 坐标对数 $n$ | 坐标对序列串（$x_i, y_i$） |
|---|---|---|---|
|  |  |  |  |

**3. 面的矢量数据结构**

面又称之为多边形，是 2 维的，在地理空间中呈面状分布特征，具有面积、周长与倾向性等特征，主要用来表示湖泊、岛屿、行政区、土地类型、地形、降雨分布、植被分布等面状区域性地物。面由一串或几串有序的且首尾坐标相同的（$x, y$）坐标对表示，存储面的边界链数、边界链标识码集、属性等信息，见表 3-3。

在简单数据结构中，面是一个形状任意、边界完全闭合的空间区域，其边界将整个空间划分为两部分：边界外的部分称为多边形外部，边界内的部分则为多边形内部。边界线可以被看作是由一系列多而短的直线段组成，每条线段为多边形边界的一条边，首尾相接组成多边形。

表 3-3　　　　　　　　　　　　　　　面实体矢量数据结构

| 标识码 | 属性码 | 边界链数 $n$ | 边界链标识码集 |
|---|---|---|---|

简单数据结构的主要特点是：

（1）数据按点、线、面为单元进行组织，数据编排直观，数字化操作简单。

（2）每个面都以闭合线段存储，相邻面域的公共边界被数字化两次和存储两次，造成数据冗余和不一致。

（3）不含有拓扑数据，不能描述点、线、面实体相互之间的空间位置关系。

（4）岛只作为一个单个图形，没有与外界多边形的联系。

### 3.2.2　拓扑数据结构

1. 基本概念

"拓扑"（Topology）一词来源于希腊文，原意是"形状的研究"。拓扑学是几何学的一个重要分支，主要用于研究几何图形或空间在连续改变形状后还能保持不变的一些几何性质——拓扑性质，或称拓扑属性。

形象说明：假设欧氏平面是一块高质量无边界的橡皮，该橡皮能够延展和缩短到任何理想的状态。想象一下基于这张橡皮所绘制的图形，允许这张纸延展但不能撕破或者重叠，则在橡皮形状变化的过程中，图形的一些属性将保持不变，而另一些属性却发生变化。例如，在橡皮表面有一个多边形，多边形内有一点 A，那么，无论对橡皮进行压缩或拉伸，点依然在多边形内部。点 A 和多边形边界间的空间位置关系不发生改变，但多边形的面积会发生变化。因此，可以称多边形内的点具有拓扑属性，而面积则不具有拓扑属性，拉伸和压缩这样的变换称为拓扑变换。欧氏平面上空间对象部分拓扑和非拓扑属性见表 3-4。

表 3-4　　　　　　　　　　欧氏平面上空间对象部分拓扑和非拓扑属性

| | |
|---|---|
| 拓扑属性 | 点是一条弧段的端点 |
| | 弧段是一个简单弧段（弧段自身不相交） |
| | 点在区域的内部 |
| | 点在区域的外部 |
| | 面的连续性（给定面上任意两点，从一点可以完全在面的内部沿任意路径走向另一点） |
| 非拓扑属性 | 两点间的距离 |
| | 弧段的长度 |
| | 区域的面积 |

2. 拓扑元素

拓扑元素，即构成拓扑结构的基本元素，包括结点、弧段（链）、多边形三种。

（1）结点包括线段的首尾端点、孤立点、链的连接点和面要素边界线的首尾点。

（2）弧段（链）指两结点之间的有序线段，包括线要素、线要素的某一段与面要素的边界线。

（3）多边形是由一条或若干条链（弧段）构成的封闭区域。

3. 拓扑关系

在地理信息系统中，为了真实准确地描述空间地理实体，不仅需要反映实体的准确位置、大小、形状与属性信息，还要反映出实体间的相互关系。拓扑关系是明确定义空间数据结构关系的一种数学方法。具有拓扑关系的矢量数据结构即是拓扑数据结构，拓扑数据结构是进行 GIS 空间查询和空间分析及应用所必需的。基本的拓扑关系主要有以下三种：

（1）拓扑邻接：是指存在于同类图形实体间的拓扑关系，如结点与结点，弧段与弧段，多边形与多边形等。

（2）拓扑关联：是指存在于不同类型图形实体间的拓扑关系，如结点与弧段、弧段与多边形等。

（3）拓扑包含：是指不同级别或不同层次的多边形图形实体间的拓扑关系，如多边形包含多边形、多边形包含弧段、多边形包含结点。

地理实体的部分空间拓扑关系如图 3-3 所示。

4. 拓扑关系的表示

拓扑关系可由四个关系表来表示。规定：结点是弧段的起点，则记录弧段为正；结点是弧段的终点，则记录弧段为负；顺时针方向构建多边形，若弧段方向与之相同，则为正；弧段方向与之相反，则为负。拓扑关系示意图如图 3-4 所示。

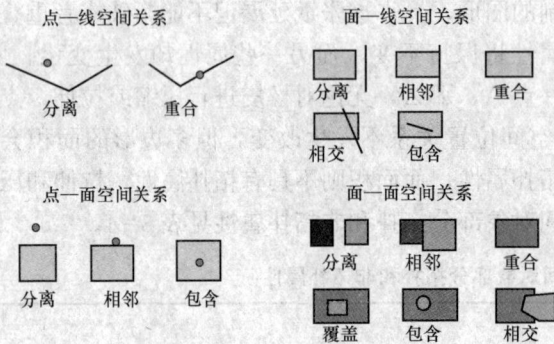

图 3-3　空间拓扑关系

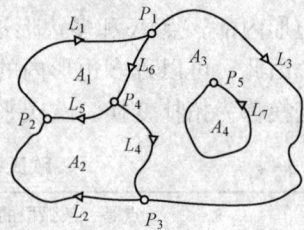

图 3-4　拓扑关系示意图

（1）结点—弧段关系。其基本结构是结点、通过结点的弧段，见表 3-5。

（2）弧段—结点关系。其基本结构是弧段、弧段两端的结点，见表 3-6。

**表 3-5　结点—链拓扑关系示意表**

| 结点 | 通过结点的链 |
| --- | --- |
| P1 | —L1, L3, L6 |
| P2 | L1，—L2，—L5 |
| …… | …… |

**表 3-6　链—结点拓扑关系示意表**

| 链 | 链的首尾结点 |
| --- | --- |
| L1 | P2, P1 |
| L2 | P3, P2 |
| …… | …… |

（3）多边形—弧段关系。其基本结构是多边形、包围多边形的弧段，见表 3-7。

（4）弧段—多边形关系。其基本结构为弧段、弧段左右两侧的多边形，见表 3-8。

**表 3-7　面—链拓扑关系示意表**

| 多边形号 | 包围多边形的弧段 |
| --- | --- |
| A1 | L1, L6, L5 |
| A2 | L2, —L5, L4 |
| …… | …… |

**表 3-8　链—面拓扑关系示意表**

| 弧段 | 左多边形号 | 右多边形号 |
| --- | --- | --- |
| L1 | NULL | A1 |
| L4 | A3 | A2 |
| …… | …… | …… |

空间数据的拓扑关系在 GIS 数据处理和空间分析中具有重要的作用。由于拓扑数据已经清楚地反映出空间实体间的逻辑结构关系，而且这种关系较之几何数据具有更大的稳定性，且不随地图投影的变化而变化。因此，根据拓扑关系，不需要利用坐标和距离就可以确定一种空间实体相对于另一种空间实体的空间位置关系。

例如，判别某区域与哪些区域相邻接；某条河流能为哪些居民区提供水源；某行政区域包括哪些土地利用类型等。利用拓扑关系还可以进行道路的选取，进行最短或最佳路径计算等。

想知道哪些网站可以下载免费的 GIS 数据吗？扫我吧！

# 任务三　栅 格 数 据 结 构

矢量数据结构是用坐标来表示点、线、面等地理实体，其特点是位置信息明显，但属性信息却无法展现。

栅格数据结构将地表空间划分成规则的栅格单元，称之为像元；利用像元或像元集合来模拟地理事物与现象分布，像元中的数据表示事物或现象的属性特征，能够较好地表达地理实体的属性信息，如图 3-5 所示。

目前，栅格数据主要通过以下三种方式获取：

（1）遥感。通过遥感手段获得的影像即是栅格数据。

（2）对图片扫描。通过扫描仪对图件进行扫描以得到栅格数据。

（3）由矢量数据转换。通过利用矢量数据栅格化技术，把矢量数据转换成栅格数据。

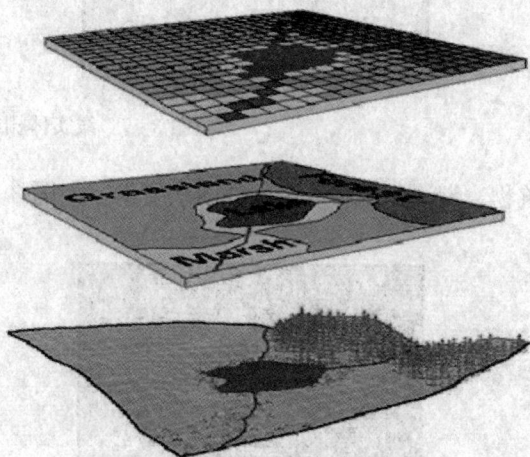

图 3-5　栅格数据结构表达地理实体示意图

## 3.3.1　栅格数据结构中地理实体的表示

### 1. 点实体

像元是表达地理实体的最小单元。在栅格数据结构中，点实体是由一个像元来表示。点实体的位置由其中心点所在的像元行列号来确定，属性为该像元的数值。像元越小，所表示的区域越小，越接近表示的地理实体，如图 3-6 所示。

### 2. 线实体

线实体由其中心轴线上的一组数值相同的相邻像元表示，每个像元最多只有两个相邻单元在线上。线实体的位置可由各个相邻像元的行列号转换得到，属性为该组像元的数值。若相同数值像元组断裂，则表示线要素存在断裂（如道路与河流交汇），如图 3-7 所示。

### 3. 面实体

面实体是由聚集在一起的相邻像元的集合表示，用于构成一个封闭区域，常用来表示建

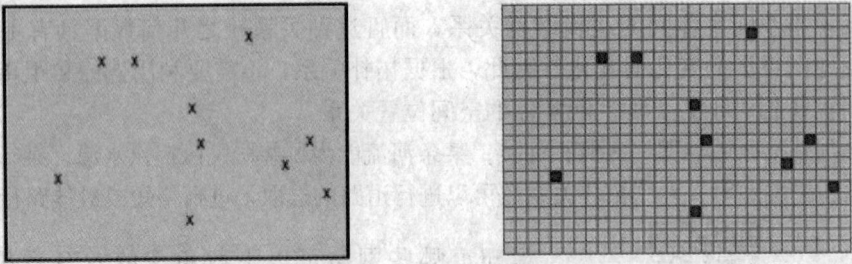

图 3-6　点实体栅格数据表示示意图

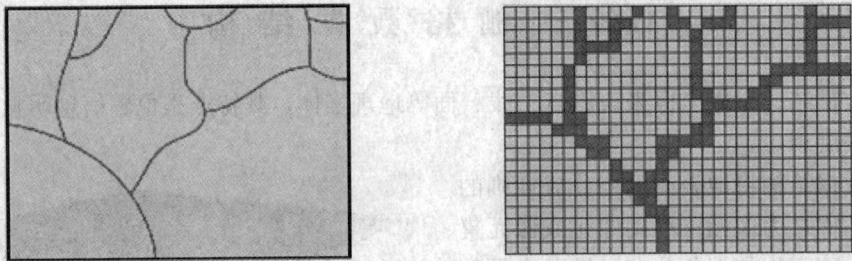

图 3-7　线实体栅格数据表示示意图

筑物、湖泊、森林等区域性面状要素，如图 3-8 所示。

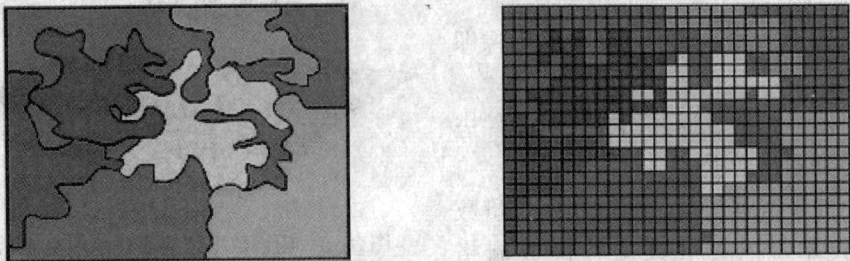

图 3-8　面实体栅格数据表示示意图

### 3.3.2　栅格数据结构的特点

在栅格数据中，地表被划分为相互邻接、规则排列的像元（正四边形，有时也可以是正三角形、正六边形等），每个地块与一个像元相对应。栅格数据有以下特点：

（1）栅格数据的比例尺就是栅格（像元）的大小与地表相应单元的大小之比。

（2）栅格大小决定了栅格图像的分辨率。栅格越大，图像的分辨率越低，反之越高。

（3）每个像元的属性是地表相应区域内地理数据的近似值。栅格越小，与所表达的地理实体越接近。

（4）栅格数据记录的是属性数据本身，而位置数据可以由栅格所对应的行列号转换为相应的坐标，通常取其单元中心位置。

用栅格来逼近地理实体，不论采用多细小的像元，与原实体比较总会存在误差；通常以保证最小图斑不丢失为原则来确定合理的像元大小，如图 3-9 所示。

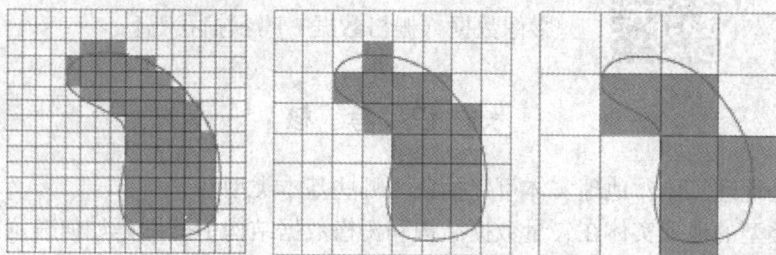

图 3-9　不同栅格大小表示地理实体示意图

### 3.3.3　栅格单元属性值的确定

栅格单元的属性值是唯一的，但其对应的实际地物却可能会是多样的，如何来确定栅格单元的取值？通常坚持尽量保持地表的真实性、保证最大的信息容量为原则。

（1）中心点法。用位于栅格单元中心位置的地物类型或现象特征决定其取值。常用于表示具有连续分布特性的地理要素，如人口密度、降雨量分布等。

（2）面积占优法。以占栅格区域面积最大的地物类型或现象特征来决定栅格单元的取值。

（3）重要性法。根据栅格单元内不同地物或现象的重要性，选择最为重要的地物类型或现象特征的属性值为对应栅格单元的属性值。重要性法多用于具有重要特殊意义但面积较小的地理要素，特别是类似于城镇、水系、道路等点状、线状具有特殊意义的地理要素，在栅格单元取值时尽量优先考虑。

（4）百分比法。依据栅格单元内各地理要素所占面积的百分比数值来确定栅格单元的取值，即各地类要素自身属性值乘以所占百分比再相加所得数值（舍入或取整）为栅格单元取值。

（5）长度占优法。栅格单元的值由该栅格中线段最长的地理实体的属性来确定。

### 3.3.4　栅格数据结构与矢量数据结构比较

栅格数据结构与矢量数据结构是 GIS 中记录空间数据的两种重要方法。栅格数据结构"位置隐含，属性明显"，而矢量数据结构"位置明显，属性隐含"，两者各有优劣，见表3-9。

表 3-9　　　　　　　　　　栅格数据结构与矢量数据结构比较

| 数据结构类型 | 优　　点 | 缺　　点 |
|---|---|---|
| 栅格数据结构 | （1）结构简单，便于数据交换；<br>（2）便于叠加分析与模拟地理现象；<br>（3）易于与遥感数据匹配进行应用分析；<br>（4）可以有效地表达空间现象；<br>（5）输出快，成本低 | （1）图形数据量大，数据结构不紧凑；<br>（2）难以表达地理实体之间的相互关系；<br>（3）难以进行网络分析；<br>（4）投影变换比较困难；<br>（5）图形质量低，输出不美观 |
| 矢量数据结构 | （1）数据结构紧凑，冗余度比较小，占用存储空间小；<br>（2）便于表达空间实体的拓扑关系；<br>（3）图形显示质量好，精度高；<br>（4）运算效率高；<br>（5）便于查询属性信息 | （1）数据结构复杂；<br>（2）不便于与遥感数据结合；<br>（3）叠加分析较为复杂；<br>（4）数学模拟比较困难 |

想知道如何在"地理空间数据云"中下载免费的遥感影像数据（栅格数据）吗？扫我吧！

## 知 识 考 核

1. 什么是地理实体？地理实体可以抽象为哪些基本类型？
2. 不同类型的地理实体在矢量数据结构和栅格数据结构中分别是如何表示的？
3. 如何获取矢量数据与栅格数据？
4. 什么是拓扑？空间实体之间主要有哪些拓扑关系？如何表示？
5. 栅格数据结构有哪些特点？
6. 试比较矢量数据结构与栅格数据结构。

# 项目四 空间数据获取

## 项目概述

GIS 的核心是地理空间数据库。GIS 需要数据来制图、分析和建模，建立 GIS 的前提就是将地理实体的信息数据输入到地理空间数据库中，即获取空间数据。从哪里得到所需要的空间数据？如何获取和进行质量控制？带着以上问题，项目介绍了空间数据的来源、分类和编码、获取方法、质量控制及元数据等内容。

## 学习目标

1. 了解 GIS 的数据源；
2. 掌握空间数据的分类和编码方法；
3. 掌握矢量数据、栅格数据、属性数据的获取方法；
4. 了解空间数据质量的基本概念、空间数据质量问题的来源、空间数据质量标准及评价方法，掌握空间数据质量控制方法；
5. 理解元数据的概念，了解其获取和管理方法。

## 任务一 GIS 数据源

GIS 的数据源是指建立地理信息系统数据库所需要的各种类型数据的来源，即我们所需要的信息从哪里来。首先考虑从现有的数据源获取，如果所需要的数据不存在，则考虑创建新的数据。近几年，GIS 数据交换中心在互联网上已比较开放，许多国家已经为发布 GIS 数据建立数据交换中心。用户需要的很多数据均可以从这些网站直接购买或免费下载。

创建新的 GIS 数据，除了传统的纸质地图数字化，还可以通过不同的方法获取，即通过多种数据源创建。创建新的 GIS 数据源包括地图、遥感图像、野外实测数据、统计数据、文本资料、数字数据等。

### 4.1.1 地图数据

创建新的 GIS 数据，首先想到的就是地图数字化，这是因为地图是地理数据的传统描述形式。因此，各种类型的地图是 GIS 最主要的数据源。地图包含丰富的内容，不仅含有实体的类别和属性，而且含有实体间的空间关系。地图数据主要通过对地图的扫描数字化获取。

应用地图数据时应注意：

（1）地图存储介质的缺陷。由于地图多为纸质，在不同的存放条件下存在不同程度的变形，具体应用时，须对其进行纠正。

（2）地图现势性较差。传统地图更新周期较长，造成现存地图的现势性不能完全满足实际需要。

（3）地图投影的转换。使用不同投影的地图数据进行交流前，须先进行地图投影转换。

### 4.1.2 遥感影像

遥感影像是 GIS 的重要数据源。遥感技术是 GIS 数据更新的重要手段。通过数字化卫星图像，可以生成 GIS 项目的一系列专题数据。并且，遥感影像是一种可以快速、准确地获得大面积的、动态的、近实时的、综合的各种专题信息的数据源，航天遥感影像还可以取得周期性的资料，这些都为 GIS 提供了丰富的信息，如图 4-1 和图 4-2 所示。

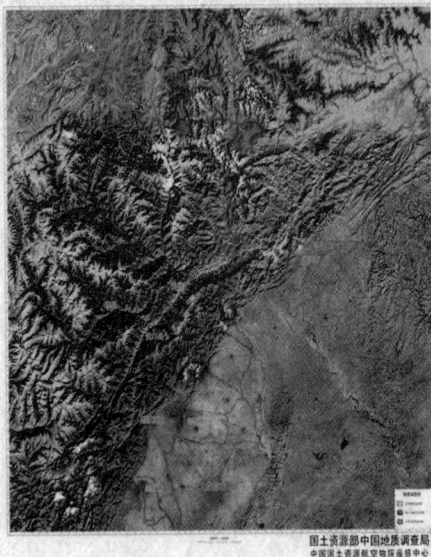

图 4-1　汶川地震重灾区卫星遥感影像图

图 4-2　四川芦山县震后航空影像图

### 4.1.3 野外实测数据

指各种野外实验、实地测量所得到的数据，通过转换可直接进入到 GIS 的地理空间数据库以用于实时分析和进一步应用。GNSS 数据和测量数据是两种重要的野外数据，能为 GIS 提供较准确和现势性强的资料。

### 4.1.4 统计数据

国民经济的各种统计数据常常也是 GIS 的数据源，如人口数量、人口构成、国民生产总值、森林面积、基础设施等。

统计数据一般都是和一定范围内的统计单元或观测点联系在一起，因此采集数据时，要包括研究对象的特征值、观测点的几何数据和统计资料的基本统计单元，如图 4-3 所示。

### 4.1.5 文本资料

文本资料即是各种文字报告、记录以及有关的立法文件、行业规范、管理条例、技术指标等，它们是 GIS 不可缺少的重要或补充数据源。

### 4.1.6 数字数据

目前，随着各种专题图件的制作和 GIS 系统的建立，直接获取数字图形数据和属性数据的可能性越来越大，数字数据逐渐成为 GIS 信息源不可缺少的一部分。

由多媒体设备获取的数据（包括声音、视频等）也是 GIS 的数据源之一，目前主要辅

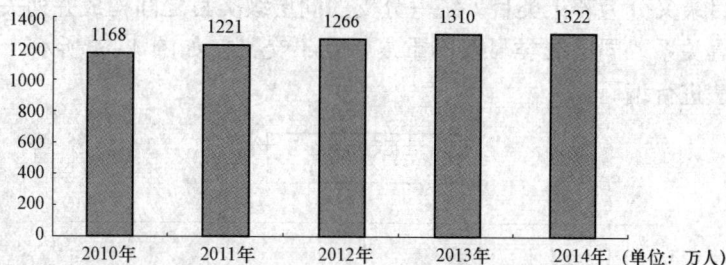

图 4-3　就业人数统计图表

助 GIS 的查询和分析，可通过通讯口传入 GIS 的空间数据库。

# 任务二　地理信息分类与编码

采集空间数据时，当属性数据量较大时，通常与几何数据分开输入。但属性数据中有一部分是与几何数据的表示密切相关的，如道路的等级类型决定着道路符号的形状、色彩和尺寸。在 GIS 中，通常把这部分属性数据用编码的形式表示，并与几何数据一起管理。编码的过程就是将信息转换成数据的过程，其前提就是要对所表示的信息进行分类分级。

地理信息分类与编码是空间数据采集的前期工作，目的是为了科学准确地表达地理对象的属性信息，方便对数据的管理、应用和信息共享。

## 4.2.1　属性数据的分类

### 1. 分类的基本原则

分类是将具有相同属性或特征的事物或现象按照一定的原则归并在一起，而把不同属性或特征的事物或现象分开的过程。空间数据的分类，是根据系统的功能以及相应的国际、国家和行业空间信息分类规范和标准，将具有不同空间特征和语义的空间要素区别开来的过程，是为了在空间数据的逻辑结构上将数据组织为不同的信息层并标识空间要素的类别。空间信息的分类原则为：

（1）科学性：选择事物或现象最稳定的属性和特征作为分类的依据。满足所涉及学科的科学分类方法，能反映出同一类型中不同的级别特点。

（2）系统性：应形成一个分类体系，低级的类应能归并到高级的类中。

（3）可扩展性：编码的设置应留有扩展的余地，避免新对象的出现而使原编码系统失效、造成编码错乱现象；应能容纳新增加的事物和现象，而不至于打乱已建立的分类系统。

（4）实用性（简洁性）：在满足国家标准的前提下、每一种编码应该是以最小的数据量载负最大的信息量。

（5）兼容性（标准化/通用性）：应与有关的标准协调一致，有国家或行业标准的要按标准进行，没有标准的必须考虑在有可能的条件下实现标准化。

（6）一致性：对编码所定义的同一专业名词、术语必须是唯一的。

### 2. 分类的基本方法

对地理信息的分类一般包括线分类法（层次分类法）和面分类法（多源分类法）。

（1）线分类法。线分类法是按选定的若干属性或特征将分类对象逐次地分为若干个层级目录，每个层级目录又分为若干类目。统一分支的同层级类目之间构成并列关系，不同层级类目之间构成隶属关系。同层级类目互不重复，互不交叉。如图 4-4 所示，土地利用类型即是采用线分类法进行编码。

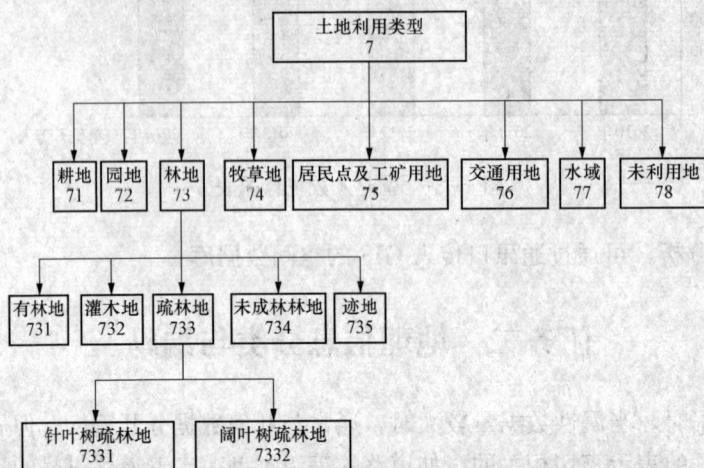

图 4-4　线分类法编码示例

　　（2）面分类法。面分类法是将拟分类的对象根据其本身的属性或特征，分成相互之间没有隶属关系的若干方面，简称面，每个面中又可以分成许多彼此独立的若干个类目。使用时，可根据需要将每个面中的类目与另一个面中的类目组合在一起，形成复合类目。

　　表 4-1 为河流的分类和编码方案。其中，111115412 表示：平原河，常年河，通航河，树状河，等级一级，主流长 16km，宽 58m，河流间最短距离 50m，河流弯曲，2.5km 的弯曲平均值大于 40m，弯曲的平均深度大于 50m、平均宽度大于 75m。

表 4-1　　　　　　　　　　　　　　河流的分类和编码方案

| 标 志 编 号 | | | | | | | | | 分　类 |
|---|---|---|---|---|---|---|---|---|---|
| I | II | III | IV | V | VI | VII | VIII | IX | |
| 1 | | | | | | | | | 平原河 |
| 2 | | | | | | | | | 过渡河 |
| 3 | | | | | | | | | 山地河 |
| | 1 | | | | | | | | 常年河 |
| | 2 | | | | | | | | 时令河 |
| | 3 | | | | | | | | 消失河 |
| | | 1 | | | | | | | 通航河 |
| | | 2 | | | | | | | 不通航河 |
| | | | 1 | | | | | | 树状河 |
| | | | 2 | | | | | | 平行河 |
| | | | 3 | | | | | | 筛状河 |
| | | | 4 | | | | | | 辐射河 |
| | | | 5 | | | | | | 扇形河 |
| | | | 6 | | | | | | 迷宫河 |

| 标 志 编 号 | | | | | | | | | 分 类 |
|---|---|---|---|---|---|---|---|---|---|
| I | II | III | IV | V | VI | VII | VIII | IX | |
| | | | | 1 | | | | | 主〔要河〕流：一级 |
| | | | | 2 | | | | | 支流：二级 |
| | | | | 3 | | | | | 三级 |
| | | | | 4 | | | | | 四级 |
| | | | | 5 | | | | | 五级 |
| | | | | 6 | | | | | 六级 |
| | | | | 7 | | | | | 七级 |
| | | | | | 1 | | | | 河长：一组——1km 以下 |
| | | | | | 2 | | | | 二组——2km 以下 |
| | | | | | 3 | | | | 三组——5km 以下 |
| | | | | | 4 | | | | 四组——10km 以下 |
| | | | | | 5 | | | | 五组——10km 以上 |
| | | | | | | 1 | | | 河宽：一组—— 5～10m |
| | | | | | | 2 | | | 二组—— 10～20m |
| | | | | | | 3 | | | 三组—— 20～30m |
| | | | | | | 4 | | | 四组—— 30～60m |
| | | | | | | 5 | | | 五组—— 60～120m |
| | | | | | | 6 | | | 六组——120～300m |
| | | | | | | 7 | | | 七组——300～500m |
| | | | | | | 8 | | | 八组——500m 以上 |
| | | | | | | | 1 | | 河流间的最短距离 50m |
| | | | | | | | 2 | | 50～100m |
| | | | | | | | 3 | | 100～200m |
| | | | | | | | 4 | | 200～400m |
| | | | | | | | 5 | | 400～500m |
| | | | | | | | 6 | | 500～1000m |
| | | | | | | | 7 | | 1000～2000m |
| | | | | | | | | | 弯曲度：2.5km 弯曲 深度 宽度 |
| | | | | | | | | 1 | >40 >50 >50 |
| | | | | | | | | 2 | >40 >50 >75 |
| | | | | | | | | 3 | >25 >50 >75 |
| | | | | | | | | 4 | >25 >50 >100 |
| | | | | | | | | 5 | <25 >75 >150 |

面分类法具有较大的信息载负量，利于对空间信息进行综合分析。在实际工作中，可根据需要将线分类法和面分类法结合使用，以达到理想效果。如全国第二次土地利用调查中，土地利用数据库要素分类采用的即是，大类采用面分类法，小类以下采用线分类法。

线分类法和面分类法优缺点见表4-2。

| 表 4 - 2 | | 两种地理信息分类方法比较 | |
|---|---|---|---|
| 方　法 | 原　　则 | 优　　点 | 缺　　点 |
| 线分类法 | （1）由某一上位类划分出的下位类目的总范围应与其上位类类目范围相等；<br>（2）当一个上位类类目划分成若干个下位类类目时，应选择一个划分标准；<br>（3）同位类目之间不交叉、不重复，并只对应于一个上位类；<br>（4）分类要依次进行，不应有空层或加层 | （1）层次性好，能较好地反映类目之间的逻辑关系；<br>（2）使用方便，既符合手工处理信息的传统习惯，又便于计算机处理信息 | （1）结构弹性较差，分类结构一经确定，就不易改动；<br>（2）效率较低，当分类层次较多时，代码位数较长 |
| 面分类法 | （1）选择分类对象本质的属性或特征作为各个面；<br>（2）不同面内的类目不应相互交叉，不能重复出现；<br>（3）每个面有严格的固定位置；<br>（4）面的选择以及位置的确定，根据需要而定 | （1）有较大弹性，一个面内的类目改变，不影响其他的面；<br>（2）适应性强，可视需要组成任何类目；<br>（3）易于添加和修改类目 | （1）不能充分利用容量，可组配的类目很多，但实际应用的类目不多；<br>（2）难于手工处理信息 |

## 4.2.2　属性数据的分级

分级是对事物或现象的数量或特征进行等级的划分，主要包括确定分级数和分级界限。

1. 确定分级数的基本原则

（1）分级数应符合数值估计精度的要求。分级数多，数值估计的精度就高。

（2）分级数应顾及可视化的效果。等级的划分在 GIS 中要以图形的方式表示出来，根据人对符号等级的感受，分级数应在 4～7 级。

（3）分级数应符合数据的分布特征。对于呈明显聚群分布的数据，应以数据的聚群数作为分级数。

（4）在满足精度的前提下，应尽可能选择较少的分级数。

2. 确定分级界线的基本原则

（1）保持数据的分布特征。使各级内部差异尽可能小，各级之间的差异尽可能大。

（2）在任何一个等级内部都必须有数据，任何数据都必须落在某一个等级内。

（3）尽可能采用有规则变化的分级界线。

3. 分级的基本方法

分级时大多采用数学方法，如数列分级、最优分割等级等。若有统一标准的分级方法，则应采用标准的分级方法。

## 4.2.3　属性数据的编码

编码是将分类的结果用一种易于被计算机和人识别与处理的符号体系表示出来的过程。

1. 代码的功能

代码的功能主要有：

（1）鉴别，代码代表对象的名称，是鉴别对象的唯一标识。

（2）分类，当按对象的属性分类，并分别赋予不同的类别代码时，代码又可作为区分分类对象类别的标识。

（3）排序，当按照对象产生的时间、所占的空间或其他方面的顺序关系排列，并分别赋予不同的代码时，代码又可作为区别对象排序的标识。

2. 代码的类型

代码的类型是指代码符号的表示形式，有数字型、字母型、数字和字母混合型三类。

数字型代码是用一个或多个阿拉伯数字表示对象的代码。其特点是结构简单、使用方便、易于排序，但对对象的特征描述不直观。

字母型代码是用一个或多个字母表示对象的代码。其特点是比同样位数的数字型代码容量大，还可以提供便于识别的信息，易于记忆，但比同样位数的数字型代码占用更多的计算机空间。

数字和字母混合型代码是由数字、字母、专用符组成的代码。该代码兼有数字型和字母型的优点，结构严密，直观性好，但组成形式复杂，处理麻烦。

3. GIS 中代码的种类

GIS 中的代码可以分为分类码和标识码两种。

分类码是根据地理信息分类体系设计出的各专业信息的分类代码，用于标识不同类别的数据，根据它可以从数据中查询出所需类别的全部数据。如按照土地资源的利用类型，耕地的分类代码为 01，交通运输用地的分类代码为 10。

标识码是在分类码的基础上，对每类数据设计出全部或主要实体的标识码，用其对应某一类数据中的某个实体，如一个居民地、一条河流、一条道路等进行个体查询检索，从而弥补分类码不能进行个体分离的缺陷。标识码是联系实体的几何信息和属性信息的关键字。

4. 编码的基本原则

编码的基本原则主要有以下几个：

(1) 唯一性，一个代码只能唯一地表示一类对象。

(2) 合理性，代码的结构要与分类体系相适应。

(3) 可扩展性，代码必须留有足够的空间，以适应扩充的需要。

(4) 简单性，代码结构应尽量简单，长度应尽量短。

(5) 适用性，代码应尽可能反映对象的特点，以便于记忆。

(6) 规范性，代码的结构、类型、编写格式必须统一。

5. 编码方法

在属性数据分类编码过程中，应力求规范化、标准化。有可遵循标准的尽量按照标准执行，若没有适用的标准可遵循，则按照以下编码方法进行：

(1) 列出全部地理要素清单。

(2) 制定各类要素分类、分级原则和指标，将地理要素分类分级。

(3) 拟定分类代码系统。

(4) 设定代码及其格式。设定代码使用的字符和数字、码位长度、码位分配等。

(5) 建立代码和编码对象的对照表。这是编码的最终成果档案，是数据输入计算机进行编码的依据。

编码过程如图 4-5 所示。

## 4.2.4 基础地理信息数据的分类与代码

国家基础地理信息系统地形数据库数据分类编码执行国家标准《基础地理信息要素分类与代码》(GB/T 13923—2006)。代码为六位十进制码，分别按数字排列的大类、中类、小类和子类码，其结构如图 4-6 所示，分类与代码见表 4-3。

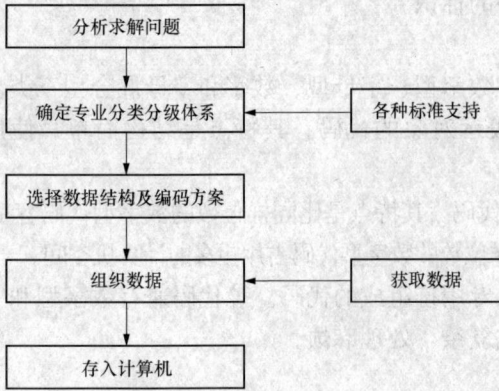

图 4-5  属性数据的编码过程

图 4-6  基础地理信息要素分类结构方案

大类  中类  小类  子类

**表 4-3**                《基础地理信息数据分类与代码》表部分

| 代码 | 要素名称 | 代码 | 要素名称 |
|---|---|---|---|
| 100000 | 定位基础 | 110301 | 卫星定位连续运行站点 |
| 110000 | 测量控制点 | 110302 | 卫星定位等级点 |
| 110100 | 平面控制点 | 110400 | 其他测量控制点 |
| 110101 | 大地原点 | 110401 | 重力点 |
| 110102 | 三角点 | 110402 | 独立天文点 |
| 110103 | 图根点 | 119000 | 测量控制点注记 |
| 110200 | 高程控制点 | 120000 | 数学基础 |
| 110201 | 水准原点 | 120100 | 内图廓线 |
| 110202 | 水准点 | 120200 | 坐标网线 |
| 110300 | 卫星定位控制点 | 120300 | 经线 |
| 120400 | 纬线 | 220201 | 地面干渠 |
| 120401 | 北回归线 | 220202 | 高于地面干渠 |
| 200000 | 水系 | 220300 | 支渠 |
| 210000 | 河流 | 220301 | 地面支渠 |
| 210100 | 常年河 | 220302 | 高于地面支渠 |
| 210101 | 地面河流 | 220303 | 地下渠 |
| 210102 | 地下河段 | 220304 | 地下渠出水口 |
| 210103 | 地下河段出入口 | 220400 | 坎儿井 |
| 210104 | 消失河段 | 220500 | 渠首 |
| 210200 | 时令河 | 220600 | 输水渡槽 |
| 210300 | 干涸河（干河床） | 220700 | 输水隧道 |
| 210301 | 河道干河 | 220800 | 倒虹吸 |
| 210302 | 漫流干河 | 220900 | 涵洞 |
| 219000 | 河流注记 | 221000 | 干沟 |
| 220000 | 沟渠 | 229000 | 沟渠注记 |
| 220100 | 运河 | 230000 | 湖泊 |
| 220200 | 干渠 | 230100 | 常年湖、塘 |

### 4.2.5 土地信息分类及编码

1. 土地利用分类体系

2007年，国家颁布执行标准《土地利用现状分类》（GB/T 21010－2007），并作为第二次全国土地利用调查的分类依据。该标准采用两级分类体系，一级类12个，二级类57个，一级类主要根据土地用途进行划分，二级类按经营特点、利用方式和覆盖特征进行细化，见表4-4所示。

表 4-4 全国土地利用分类和编码

| 一级类 | | 二级类 | | 含 义 |
|---|---|---|---|---|
| 编码 | 名称 | 编码 | 名称 | |
| 01 | 耕地 | | | 指种植农作物的土地，包括熟地，新开发、复垦、整理地，休闲地（含轮歇地、轮作地）；以种植农作物（含蔬菜）为主，间有零星果树、桑树或其他树木的土地；平均每年能保证收获一季的已垦滩地和海涂。耕地中包括南方宽度<1.0m、北方宽度<2.0m固定的沟、渠、路和地坎（埂）；临时种植药材、草皮、花卉、苗木等的耕地，以及其他临时改变用途的耕地 |
| | | 011 | 水田 | 指用于种植水稻、莲藕等水生农作物的耕地。包括实行水生、旱生农作物轮种的耕地 |
| | | 012 | 水浇地 | 指有水源保证和灌溉设施，在一般年景能正常灌溉，种植旱生农作物的耕地。包括种植蔬菜等的非工厂化的大棚用地 |
| | | 013 | 旱地 | 指无灌溉设施，主要靠天然降水种植旱生农作物的耕地，包括没有灌溉设施，仅靠引洪淤灌的耕地 |
| 02 | 园地 | | | 指种植以采集果、叶、根、茎、汁等为主的集约经营的多年生木本和草本作物，覆盖度大于50%或每亩株数大于合理株数70%的土地。包括用于育苗的土地 |
| | | 021 | 果园 | 指种植果树的园地 |
| | | 022 | 茶园 | 指种植茶树的园地 |
| | | 023 | 其他园地 | 指种植桑树、橡胶、可可、咖啡、油棕、胡椒、药材等其他多年生作物的园地 |
| 03 | 林地 | | | 指生长乔木、竹类、灌木的土地，及沿海生长红树林的土地。包括迹地，不包括居民点内部的绿化林木用地，铁路、公路征地范围内的林木，以及河流、沟渠的护堤林 |
| | | 031 | 有林地 | 指树木郁闭度≥0.2的乔木林地，包括红树林地和竹林地 |
| | | 032 | 灌木林 | 指灌木覆盖度≥40%的林地 |
| | | 033 | 其他林地 | 包括疏林地（指树木郁闭度≥0.1、<0.2的林地）、未成林地、迹地、苗圃等林地 |
| 04 | 草地 | | | 指生长草本植物为主的土地 |
| | | 041 | 天然牧草地 | 指以天然草本植物为主，用于放牧或割草的草地 |
| | | 042 | 人工牧草地 | 指人工种植牧草的草地 |
| | | 043 | 其他草地 | 指树木郁闭度<0.1，表层为土质，生长草本植物为主，不用于畜牧业的草地 |

| 一级类 | | 二级类 | | 含　义 |
|---|---|---|---|---|
| 编码 | 名称 | 编码 | 名称 | |
| 05 | 商服用地 | | | 指主要用于商业、服务业的土地。 |
| | | 051 | 批发零售用地 | 指主要用于商品批发、零售的用地。包括商场、商店、超市、各类批发（零售）市场，加油站等及其附属的小型仓库、车间、工场等的用地 |
| | | 052 | 住宿餐饮用地 | 指主要用于提供住宿、餐饮服务的用地。包括宾馆、酒店、饭店、旅馆、招待所、度假村、餐厅、酒吧等 |
| | | 053 | 商务金融用地 | 指企业、服务业等办公用地，以及经营性的办公场所用地。包括写字楼、商业性办公场所、金融活动场所和企业厂区外独立的办公场所等用地 |
| | | 054 | 其他商服用地 | 指上述用地以外的其他商业、服务业用地。包括洗车场、洗染店、废旧物资回收站、维修网点、照相馆、理发美容店、洗浴场所等 |
| 06 | 工矿仓储用地 | | | 指主要用于工业生产、物资存放场所的土地 |
| | | 061 | 工业用地 | 指工业生产及直接为工业生产服务的附属设施用地 |
| | | 062 | 采矿用地 | 指采矿、采石、采砂（沙）场，盐田，砖瓦窑等地面生产用地及尾矿堆放地 |
| | | 063 | 仓储用地 | 指用于物资储备、中转的场所用地 |
| 07 | 住宅用地 | | | 指主要用于人们生活居住的房基地及其附属设施的土地 |
| | | 071 | 城镇住宅用地 | 指城镇用于生活居住的各类房屋用地及其附属设施用地。包括普通住宅、公寓、别墅等用地 |
| | | 072 | 农村宅基地 | 指农村用于生活居住的宅基地 |
| 08 | 公共管理与公共服务用地 | | | 指用于机关团体、新闻出版、科教文卫、风景名胜、公共设施等的土地 |
| | | 081 | 机关团体用地 | 指用于党政机关、社会团体、群众自治组织等的用地 |
| | | 082 | 新闻出版用地 | 指用于广播电台、电视台、电影厂、报社、杂志社、通讯社、出版社等的用地 |
| | | 083 | 科教用地 | 指用于各类教育，独立的科研、勘测、设计、技术推广、科普等的用地 |
| | | 084 | 医卫慈善用地 | 指用于医疗保健、卫生防疫、急救康复、医检药检、福利救助等的用地 |
| | | 085 | 文体娱乐用地 | 指用于各类文化、体育、娱乐及公共广场等的用地 |
| | | 086 | 公共设施用地 | 指用于城乡基础设施的用地。包括给排水、供电、供热、供气、邮政、电信、消防、环卫、公用设施维修等用地 |
| | | 087 | 公园与绿地 | 指城镇、村庄内部的公园、动物园、植物园、街心花园和用于休憩及美化环境的绿化用地 |
| | | 088 | 风景名胜设施用地 | 指风景名胜（包括名胜古迹、旅游景点、革命遗址等）景点及管理机构的建筑用地。景区内的其他用地按现状归入相应地类 |

| 一级类 | | 二级类 | | 含　义 |
|---|---|---|---|---|
| 编码 | 名称 | 编码 | 名称 | |
| 09 | 特殊用地 | | | 指用于军事设施、涉外、宗教、监教、殡葬等的土地 |
| | | 091 | 军事设施用地 | 指直接用于军事目的的设施用地 |
| | | 092 | 使领馆用地 | 指用于外国政府及国际组织驻华使领馆、办事处等的用地 |
| | | 093 | 监教场所用地 | 指用于监狱、看守所、劳改场、劳教所、戒毒所等的建筑用地 |
| | | 094 | 宗教用地 | 指专门用于宗教活动的庙宇、寺院、道观、教堂等宗教自用地 |
| | | 095 | 殡葬用地 | 指陵园、墓地、殡葬场所用地 |
| 10 | 交通运输用地 | | | 指用于运输通行的地面线路、场站等的土地。包括民用机场、港口、码头、地面运输管道和各种道路用地 |
| | | 101 | 铁路用地 | 指用于铁道线路、轻轨、场站的用地。包括设计内的路堤、路堑、道沟、桥梁、林木等用地 |
| | | 102 | 公路用地 | 指用于国道、省道、县道和乡道的用地。包括设计内的路堤、路堑、道沟、桥梁、汽车停靠站、林木及直接为其服务的附属用地 |
| | | 103 | 街巷用地 | 指用于城镇、村庄内部公用道路（含立交桥）及行道树的用地。包括公共停车场，汽车客货运输站点及停车场等用地 |
| | | 104 | 农村道路 | 指公路用地以外的南方宽度≥1.0m、北方宽度≥2.0m的村间、田间道路（含机耕道） |
| | | 105 | 机场用地 | 指用于民用机场的用地 |
| | | 106 | 港口码头用地 | 指用于人工修建的客运、货运、捕捞及工作船舶停靠的场所及其附属建筑物的用地，不包括常水位以下部分 |
| | | 107 | 管道运输用地 | 指用于运输煤炭、石油、天然气等管道及其相应附属设施的地上部分用地 |
| 11 | 水域及水利设施用地 | | | 指陆地水域，海涂，沟渠、水工建筑物等用地。不包括滞洪区和已垦滩涂中的耕地、园地、林地、居民点、道路等用地 |
| | | 111 | 河流水面 | 指天然形成或人工开挖河流常水位岸线之间的水面，不包括被堤坝拦截后形成的水库水面 |
| | | 112 | 湖泊水面 | 指天然形成的积水区常水位岸线所围成的水面 |
| | | 113 | 水库水面 | 指人工拦截汇集而成的总库容≥10万m³的水库正常蓄水位岸线所围成的水面 |
| | | 114 | 坑塘水面 | 指人工开挖或天然形成的蓄水量＜10万m³的坑塘常水位岸线所围成的水面 |
| | | 115 | 沿海滩涂 | 指沿海大潮高潮位与低潮位之间的潮浸地带。包括海岛的沿海滩涂。不包括已利用的滩涂 |
| | | 116 | 内陆滩涂 | 指河流、湖泊常水位至洪水位间的滩地；时令湖、河洪水位以下的滩地；水库、坑塘的正常蓄水位与洪水间的滩地。包括海岛的内陆滩地。不包括已利用的滩地 |
| | | 117 | 沟渠 | 指人工修建，南方宽度≥1.0m、北方宽度≥2.0m用于引、排、灌的渠道，包括渠槽、渠堤、取土坑、护堤林 |
| | | 118 | 水工建筑用地 | 指人工修建的闸、坝、堤路林、水电厂房、扬水站等常水位岸线以上的建筑物用地 |
| | | 119 | 冰川及永久积雪 | 指表层被冰雪常年覆盖的土地 |

| 一级类 | | 二级类 | | 含 义 |
|---|---|---|---|---|
| 编码 | 名称 | 编码 | 名称 | |
| | | | | 指上述地类以外的其他类型的土地 |
| | | 121 | 空闲地 | 指城镇、村庄、工矿内部尚未利用的土地 |
| | | 122 | 设施农用地 | 指直接用于经营性养殖的畜禽舍、工厂化作物栽培或水产养殖的生产设施用地及其相应附属用地,农村宅基地以外的晾晒场等农业设施用地 |
| 12 | 其他用地 | 123 | 田坎 | 主要指耕地中南方宽度≥1.0m、北方宽度≥2.0m的地坎 |
| | | 124 | 盐碱地 | 指表层盐碱聚集,生长天然耐盐植物的土地 |
| | | 125 | 沼泽地 | 指经常积水或渍水,一般生长沼生、湿生植物的土地 |
| | | 126 | 沙地 | 指表层为沙覆盖、基本无植被的土地。不包括滩涂中的沙地 |
| | | 127 | 裸地 | 指表层为土质,基本无植被覆盖的土地;或表层为岩石、石砾,其覆盖面积≥70%的土地 |

2. 土地利用数据库要素分类与编码

土地利用数据库要素分类大类采用面分类法,小类以下采用线分类法。根据分类编码通用原则,将土地利用数据库要素依次按大类、小类、一级类、二级类、三级类和四级类划分,要素代码采用十位数字层次码组成,其结构如图4-7所示。

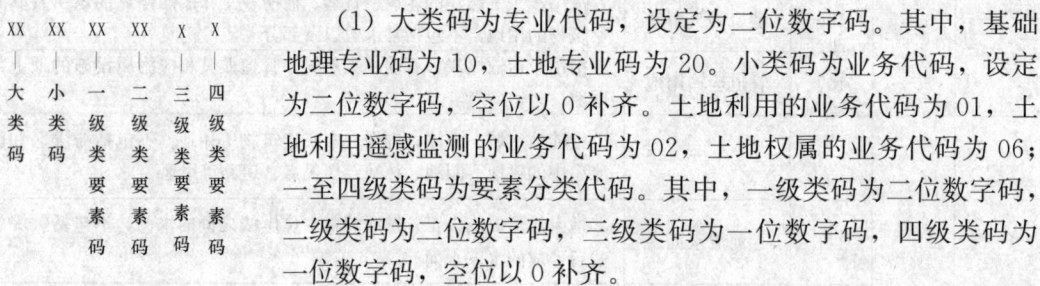

XX XX XX XX X X
大 小 一 二 三 四
类 类 级 级 级 级
码 码 类 类 类 类
　 　 要 要 要 要
　 　 素 素 素 素
　 　 码 码 码 码

图4-7　土地利用数据库要素
　　　　分类编码结构

(1) 大类码为专业代码,设定为二位数字码。其中,基础地理专业码为10,土地专业码为20。小类码为业务代码,设定为二位数字码,空位以0补齐。土地利用的业务代码为01,土地利用遥感监测的业务代码为02,土地权属的业务代码为06;一至四级类码为要素分类代码。其中,一级类码为二位数字码,二级类码为二位数字码,三级类码为一位数字码,四级类码为一位数字码,空位以0补齐。

(2) 基础地理要素的一级类码、二级类码、三级类码和四级类码引用《基础地理信息要素分类与代码》(GB/T 13923—2006)中的基础地理要素代码结构与代码。

(3) 各要素类中如含有"其他"类,则该类代码直接设为"9"或"99",见表4-5。

表4-5　　　　　　　　　土地利用数据库各类要素代码与名称描述表

| 要素代码 | 要素名称 | 说　明 |
|---|---|---|
| 1000000000 | 基础地理信息要素 | |
| 1000100000 | 定位基础 | |
| 1000110000 | 测量控制点 | |
| 1000110408 | 数字正射影像图纠正控制点 | 《基础地理信息要素分类与代码》(GB/T 13923—2006)的扩展 |
| 1000119000 | 测量控制点注记 | |
| 1000600000 | 境界与政区 | |

| 要素代码 | 要素名称 | 说　　明 |
|---|---|---|
| 1000600100 | 行政区 | 《基础地理信息要素分类与代码》（GB/T 13923—2006）的扩展 |
| 1000600200 | 行政区界线 | 《基础地理信息要素分类与代码》（GB/T 13923—2006）的扩展 |
| 1000609000 | 行政区注记 | 《基础地理信息要素分类与代码》（GB/T 13923—2006）的扩展 |
| 1000700000 | 地貌 | |
| 1000710000 | 等高线 | |
| 1000720000 | 高程注记点 | |
| 1000780000 | 坡度图 | 《基础地理信息要素分类与代码》（GB/T 13923—2006）的扩展 |
| 2000000000 | 土地信息要素 | |
| 2001000000 | 土地利用要素 | |
| 2001010000 | 地类图斑要素 | |
| 2001010100 | 地类图斑 | |
| 2001010200 | 地类图斑注记 | |
| 2001020000 | 线状地物要素 | |
| 2001020100 | 线状地物 | |
| 2001020200 | 线状地物注记 | |
| 2001030000 | 零星地物要素 | |
| 2001030100 | 零星地物 | |
| 2001030200 | 零星地物注记 | |
| 2001040000 | 地类界线 | |
| …… | …… | …… |

# 任务三　空间数据获取方法

　　GIS 的操作对象是空间数据。获取空间数据的主要途径是将现有的地图、外业观测成果、遥感影像、文本资料等转化成计算机可以处理与接收的数字形式，即采集空间数据。空间数据采集是构建地理空间数据库的基础工作，主要包括图形数据的采集和属性数据的采集。

## 4.3.1　空间数据采集的基本内容

### 1. 数据源的选择

　　数据源的选择应考虑是否能够满足系统功能的要求；所选数据源是否已有使用经验。通常情况下，当两种数据源的数据精度差别不大时，宜采用有使用经验的传统数据源。除此之外，还应考虑系统成本，因为数据成本占 GIS 工程成本的 70% 甚至更多，数据源的选择对于系统整体的成本控制来说至关重要。

### 2. 采集方法的确定

　　不同的数据源，选用的采集方法也不尽相同，如图 4-8 所示。如图形数据常采用扫描矢量化的方法获取；影像数据可通过航空、航天两种方式获取；实测数据指各类野外测量所采集的数据，可通过数字测图、GNSS 等方法得到；统计数据和文本数据可直接用键盘输入；已有的数字化数据和多媒体数据可通过相应的数据转换方法转换为当前系统可用的数据。

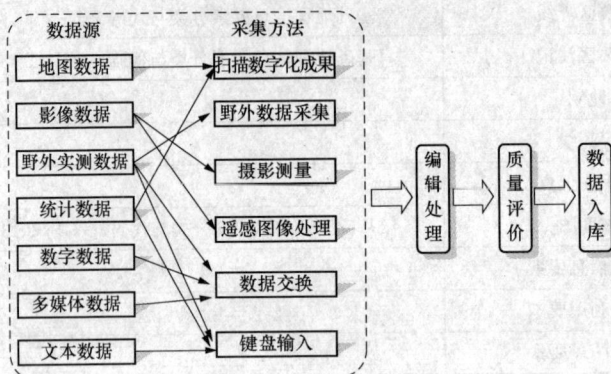

图 4-8　空间数据采集的基本内容

## 4.3.2　图形数据的采集

图形数据采集的主要方法有地图扫描矢量化、基于遥感影像进行数据提取以及数据结构转换法。

1. 地图扫描矢量化

地图扫描矢量化是目前使用最广泛的地图数字化方式。其主要生产流程是：首先利用扫描仪扫描原图，将地图转换为栅格数据，然后在计算机终端上，通过键盘或鼠标将点、线、面实体的空间坐标值输入到数据文件或程序中。方法简单，除计算机外不需任何特殊的设备，但输入效率低，需要做十分烦琐的坐标取点或编码工作。

地图扫描矢量化通常有三种方式：

（1）全手工矢量化。这种方式是通过在计算机屏幕上逐个采点以获取点、线、面实体的坐标信息。

（2）交互式跟踪矢量化，或称为半自动矢量化。该方法首先要确定采集栅格的灰度阈值或 RGB 色彩阈值，计算机根据设置的阈值自动进行跟踪矢量化，当遇到模糊不清的地方无法跟踪时，系统会给出提示，需要人工干预。

（3）全自动矢量化。该方法是采用栅格数据矢量化技术自动追踪出线和面，采用模式识别技术识别出点和注记。但由于扫描地图中包含多种信息，尽管不同地物的线型、颜色均不同，但计算机系统仍难以自动识别和分辨，往往造成矢量化结果与栅格底图不一致。因此，在实际应用中，常常采用交互跟踪矢量化或全手工矢量化方法进行。

扫描矢量化工作流程如图 4-9 所示。

2. 基于遥感影像进行数据提取

该方法是先通过几何纠正、信息增强、信息提取以及信息复合和分类等图像处理技术，然后从遥感影像上提取专题信息。全国第二次土地调查和第一次地理国情普查均是以 DOM 为数据源，依据影像特征，进行内业解译，通过矢量化技术获取地理空间信息。其主要作业流程类似于地图扫描矢量化方法。

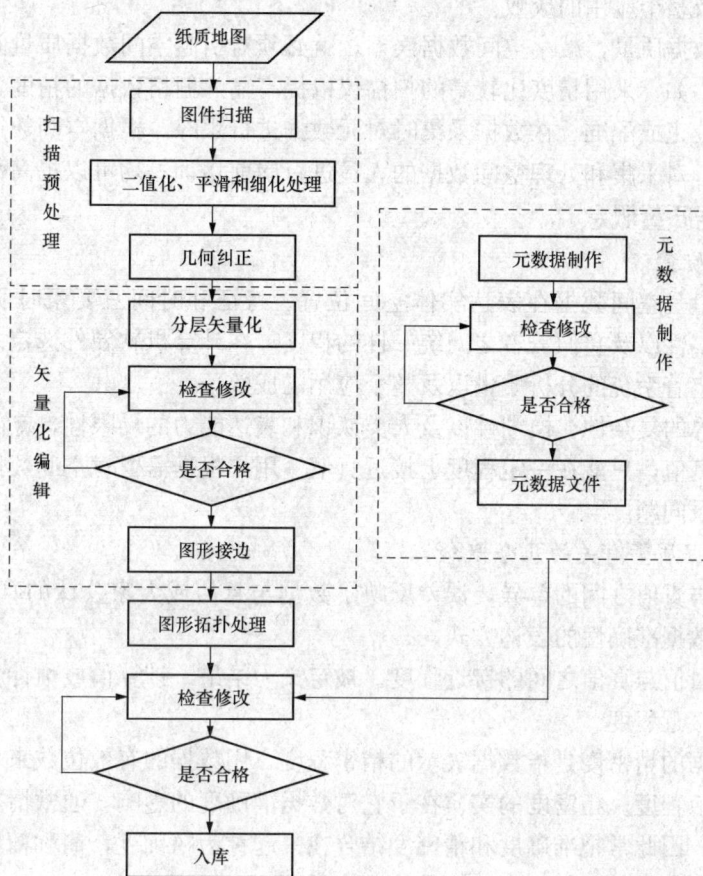

图 4-9 扫描矢量化工作流程

3. 数据转换

数据结构转换法即将栅格图像转换为矢量地图，一般需经过二值化、平滑、细化、跟踪等步骤，主要内容将在本书项目五任务八中详细介绍。

### 4.3.3 属性数据的采集

属性数据是图形数据的重要补充，是进行空间查询和空间分析的基础数据。相关部门的测量数据、各类统计数据、专题调查数据、文献资料数据等均是属性数据获取的重要渠道。

属性数据一般采用手工输入、分析计算和直接导入三种方式输入。一遍情况下，从外业调查获得的纸质属性数据需手工输入；而通过数值计算的属性列需经过一定的数学法则（如建筑面积＝底层面积×层数）通过计算对属性项进行赋值；对已有数据库中的属性数据或外业采集的电子形式属性数据可采用转换的方式直接导入到数据库中。

# 任务四 空间数据质量

地理信息系统的基础是空间数据，空间数据的核心是质量。空间数据的生产与质量控制是一个相互作用的过程，生产数据是为了应用，而数据质量的优劣关系到数据可靠性、系统分析的正确性以及整个应用的成败。

要提高空间数据质量，减小空间数据误差，就必须对引起空间数据质量问题的所有过程和环节进行控制。如，采用精度比较高的扫描仪以提高输入栅格数据的精度，在数字化之前对栅格地图进行校正或配准，在数据采集时对元数据进行跟踪，根据空间数据质量评价标准制定相应的细则，对采集和处理空间数据的人员进行岗前培训等均可以提高数据质量。

## 4.4.1　空间数据质量概念

### 1. 空间数据质量

空间数据质量是空间数据在表达实体空间位置、特征和时间三要素时所能达到的准确性、一致性、完整性以及它们三者之间统一性的程度。在计算机软硬件选定之后，GIS 中数据质量的优劣决定着系统的分析质量以及整个应用的成败。

由于现实世界的复杂性、模糊性以及人类认识和表达能力的局限性，空间数据在表达上不可能完全达到真值，只能在一定程度上接近真值。用户根据需要对空间数据的处理也会导致出现一定的质量问题。

### 2. 与空间数据质量有关的几个概念

误差：数据与真值之间的差异，误差反映了数据与真值或大家公认的真值之间的差异，它是一种常用的数据准确性的表达方式。

准确度：测量值与真值之间的接近程度，被定义为结果、计算值或估计值与真实值或大家公认的真值的接近程度。

精密度：数据的精密度是指数据表示的精密程度，用数据的有效位数来表示，它表现了测量值本身的离散程度。精密度的实质在于它对数据准确度的影响，通常情况下，可以通过准确度得到体现。因此常把准确度和精密度结合在一起称为精确度，简称精度，即对现象描述的详细程度。精度低的数据并不一定准确度也低。

不确定性：不确定性是关于空间过程和特征不能被准确确定的程度，是自然界各种空间现象自身固有的属性。在内容上是以真值为中心的一个范围，范围越大，数据的不确定性也越大。

空间分辨率：两个可测量数值之间最小的可辨识的差异。分辨率是空间目标可辨识的最小尺寸，如遥感影像上最小可分辨的地物目标，以及在一个图形扫描仪中，最小的物理分辨率从理论上讲是由设施的像元大小来确定的。

## 4.4.2　空间数据质量问题的来源

从空间数据的形式化表达到空间数据的生成，从空间数据的处理变换到空间数据的应用，这两个过程都会涉及空间数据质量问题。按照空间数据自身存在的规律性，从以下几个方面来阐述空间数据质量问题的来源。

### 1. 空间现象自身存在的不确定性

空间现象自身存在的不确定性是引起空间数据质量问题的首要因素，包括空间特征和过程在空间、专题和时间内容上的不确定性。空间现象在空间上的不确定性是指其在空间位置分布上的不确定性变化，如某种土壤类型边界划分的模糊性，某种土地利用类型边界变动的频繁性；空间现象在时间上的不确定性表现为其在发生时间段上的游移性；空间现象在属性上的不确定性表现为属性类型划分的多样性，非数值型属性值表达的不精确等。因此，空间数据存在质量问题是不可避免的。

2. 空间现象的表达

空间数据在采集、制图过程中选取的测量方法和量测精度等，由于受到人类自身认识和表达的影响，均会造成数据误差。如用于获取原始数据的各种测量仪器都有一定的设计精度；在地图投影中，由椭球体到平面的投影转换必然产生误差；制图综合要舍去一部分数据内容而使地图数据出现误差；从测量到成图转换过程中，如位置分类标识、地理特征的空间夸张等也会引起误差。归纳起来，由空间现象的表达引起的误差主要有以下几个方面：

（1）定义。在摄影测量、遥感、制图等面向大地量测的空间学科中，需要量测的各种变量概念大多数已有一致的定义，而在一些像土壤、地质、森林、地理等学科中，许多概念仍没有取得一致性的认识。对于变量概念理解的不一致必然导致数据测量误差的产生。

（2）测量。用于获取原始数据的各种测量仪器都有一定的设计精度，如 GPS 提供的地理位置数据都具有用户要求的设计精度，必然会产生一定的数据误差。

（3）表达方式。地理实体在空间和时间上的表现形式一般为连续性和离散性，最终都必须以点、线、面等图形要素的形式来描述。地理实体以何种图形要素或图形要素的组合来表达取决于实体自身的地理特征（包括空间特征、属性特征）以及用户的特殊需求。因此，在转换过程中会存在图形表达的合理性问题，不合理的表达必然导致误差的产生。

3. 空间数据采集中的误差

空间数据的采集分为直接和间接两种方式。直接方法是指直接从野外采集，以获取观测数据、图像等；间接方法是指从已有的图件上进行采集。直接方法获取的数据受观测人员、仪器、环境等因素的影响，可通过传统方法加以解决。间接方法获取的数据中，除了含有直接方法获取中的误差外，还有展绘控制点的误差、编绘的误差、制图综合的误差、数字化的误差等。

4. 空间数据处理中的误差

在空间数据处理过程中，容易产生的误差有以下几种：

（1）投影变换。在不同投影方式下，地理特征的位置、面积和方向的表现会有差异。

（2）地图数字化和扫描后的矢量化处理。数字化过程中，采点的位置精度、空间分辨率、属性赋值等都可能出现误差。

（3）数据格式转换。在矢量数据结构和栅格数据结构相互转换的过程中，数据所表达的空间特征具有差异性。

（4）数据抽象。在数据发生比例尺变换时，对数据进行的聚类、合并等操作产生的误差，如知识性误差和数据所表达的空间特征变化误差。

（5）建立拓扑关系。拓扑过程中伴随有数据所表达的空间特征坐标的变化。

（6）与主控数据层的匹配。一个数据库中，常存储同一地区的多层数据面，为保证各数据层之间空间位置的协调性，一般建立一个主控数据层以控制其他数据层的边界和控制点。在与主控数据层匹配的过程中也会存在空间位移，导致误差。

（7）数据叠加操作和更新。数据在进行叠加运算以及数据更新时，会产生空间位置和属性值的差异，从而引起误差。

（8）数据集成处理。指在来源不同、类型不同的各种数据集的相互操作过程中所产生的误差。数据集成是包括数据预处理、数据集之间的相互运算、数据表达等过程在内的复杂过程，其中位置误差、属性误差都会出现。

（9）数据的可视化表达。数据在可视化表达过程中为适应视觉效果，需对数据的空间特征、注记等进行调整，由此产生数据表达上的误差。

（10）数据处理过程中误差的传递和扩散。在数据处理的各个过程中，误差是累计和扩散的，前一过程的累计误差可能成为下一阶段的误差起源，从而导致新的误差产生。

5. 空间数据使用中的误差

在空间数据使用的过程中也会导致误差的出现。主要包括两个方面：

（1）对数据的解释过程。对同一种空间数据来说，不同用户对它内容的理解和解释可能不同。如城市开发部门、农业部门、环境部门对某一级别土壤类型内涵的理解和解释会有较大的差异。处理这类问题的方法是提供与空间数据有关的各种文档说明，如元数据。

（2）缺少文档。缺少对某一地区不同来源空间数据的说明，如缺少投影类型、数据定义等描述信息，这通常会导致数据用户对数据的随意性使用而使误差扩散。

表 4-6 归纳了空间数据的误差来源。

表 4-6 空间数据的误差来源

| 数据处理过程 | 误差来源 |
| --- | --- |
| 数据采集 | 野外测量误差 |
|  | 遥感数据误差 |
|  | 地图数据误差 |
| 数据输入 | 数字化误差 |
|  | 不同系统格式转换误差 |
| 数据存储 | 数据精度不够 |
|  | 空间精度不够 |
| 数据处理 | 分类间隔不合理 |
|  | 多层数据叠合引起的误差传播 |
|  | 比例尺太小引起的误差 |
| 数据输出 | 输出设备不精确引起的误差 |
|  | 输出介质不稳定引起的误差 |
| 数据使用 | 数据所包含信息的误差 |
|  | 数据信息使用不当 |

### 4.4.3  空间数据质量标准

空间数据质量标准是生产、使用和评价空间数据的依据。数据质量是数据整体性能的综合体现。目前，世界上已建立了一些数据质量标准，如美国 FGDC 的质量标准等；我国已有一些与 GIS 有关的国家标准，内容涉及数据编码、数据格式、地理格网、数据采集技术规范、数据记录格式等。空间数据质量标准的建立必须考虑空间过程和现象的认知、表达、处理、再现等数据生产的全过程。其主要内容如下：

（1）数据说明。要求对空间数据的来源、数据内容及其处理过程等做出准确、全面和详尽的说明。

（2）位置精度。指地理实体的坐标数据与实体真实位置的接近程度，常表现为空间三维坐标数据的精度，包括数学基础精度、平面精度、高程精度、接边精度、形状再现精度（形状保真度）、像元定位精度（图像分辨率）等。

（3）属性精度。指地理实体的属性值与其真值相符的程度。一般取决于地理数据的类型，常与位置精度有关，包括要素分类与代码的正确性、要素属性值的准确性及其名称的正确性等。

（4）时间精度。指空间数据的现势性，可通过数据更新的时间和频度来体现。

（5）逻辑一致性。指地理数据关系上的可靠性，包括数据结构、数据内容（包括空间特征、属性特征、时间特征）以及拓扑性质上的内在一致性。

（6）完整性。指地理数据在范围、内容及结构等方面满足所有要求的完整程度，包括数据范围、空间实体类型、空间关系分类、属性特征分类（如土地利用分类编码能否涵盖所有现象）等方面的完整性。

（7）表达形式的合理性。主要指数据抽象、数据表达与真实地理世界的吻合性，包括空间特征、属性特征和时间特征表达的合理性等。

### 4.4.4 空间数据质量评价

空间数据质量评价对生产者和用户均十分重要。不同用户、不同比例尺对数据质量有不同要求；不同数据有不同时效要求。质量评价要根据数据精度测试结果与测试报告，结合不同要求进行综合评价。

1. 空间数据质量评价的内容

根据空间数据质量研究内容及对空间数据误差的量化，确定数据质量评价内容主要包括以下六个方面。

（1）完整性。指地理要素、要素属性及要素关系的完整性。

（2）逻辑一致性。指地理要素属性和要素间相互关系符合逻辑规则的程度。

（3）位置精度。指地理要素空间位置的精度。

（4）时间精度。指地理要素的时间属性和时间关系的精度。

（5）属性精度。指地理要素定量或非定量属性精度和要素属性分类正确性及它们间的相互关系。

（6）用户定义。指由数据生产者确定的数据集质量指标。

表 4-7 反映了某数字线划图详细的数据质量评价内容。

表 4-7 某数字线划图详细的数据质量评价内容

| 一级质量特征 | 二级质量特征 | 主要评价内容 |
|---|---|---|
| 基本要求 | 文件名称 | 文件名命名格式与名称的正确性 |
| | 数据格式 | 数据格式是否符合规定 |
| | 数据组织 | 数据组织是否符合规定 |
| | 数学基础 | 空间参考系统是否正确 |
| 数学精度 | 平面精度 | 图廓点、公里网、经纬网交点、控制点等的坐标是否与已知坐标相符 |
| | 高程精度 | 地物点平面位置中误差或高程点、等高线中误差是否超限 |
| | 接边精度 | 要素几何图形或属性的接边情况 |
| 属性精度 | 要素分类代码 | 要素分类与代码的正确性 |
| | 要素属性值 | 要素属性值的正确性 |
| | 属性项类型 | 属性项类型的完备性 |
| | 数据分层 | 数据分层的正确及完整性 |
| | 注记 | 注记的正确性 |

| 一级质量特征 | 二级质量特征 | 主要评价内容 |
|---|---|---|
| 逻辑一致性 | 拓扑关系 | 拓扑关系及其正确性；各要素的关系表示是否合理；各要素数字化是否连续 |
| | 多边形闭合 | 多边形闭合、标识码是否正确 |
| | 结点匹配 | 线状要素的结点匹配情况 |
| 要素的完整性及现势性 | 要素的完备性 | 要素的完整性 |
| | 要素采集或更新时间 | 数据源生产日期是否满足要求，数据采集时是否使用最新资料 |
| | 注记的完整性 | 各要素及注记是否有遗漏 |
| 图幅整饰质量 | 线划质量 | 图形线划是否连续光滑、清晰，精细是否符合规定 |
| | 符号质量 | 各要素符号是否正确，尺寸是否符合图式规定 |
| | 其他 | 要素关系是否合理，是否有重叠、压盖现象；名称注记是否正确，位置是否合理，字体、大小、字向是否符合规定；注记是否压盖重要地物或点符号；图面配置、图廓内外整饰是否符合规定 |
| 附件质量 | 文档资料 | 文档资料是否完整、正确 |
| | 元数据文件 | 元数据文件的正确、完整性 |

**2. 空间数据质量评价方法**

（1）直接评价法

1）计算机程序自动检测。某些类型的错误可以由计算机软件自动发现，数据中不符合要求数据项的百分率或平均质量等级也可以由计算机软件算出。此外，还可以检测文件格式是否符合规范、编码是否正确、数据是否超出范围等。

2）随机抽样检测。采用随机抽样检测方法，在确定抽样方案时，应当考虑要素间的空间相关性。

（2）间接评价法（地理相关法和元数据法）。间接评价法是通过外部知识或信息进行推理来确定空间数据质量的方法。用于推理的外部知识或信息可以是用途、数据历史记录、数据源质量、数据生产方法、误差传递模型等。

（3）非定量描述法。非定量描述法是通过对数据质量各组成部分的评价结果进行综合分析，来确定数据的总体质量的方法。

### 4.4.5 空间数据质量控制

空间数据质量控制是指为达到规范或规定对数据质量的要求而采取的作业技术和措施。

**1. 空间数据质量控制常见的方法**

（1）传统的手工方法。主要是将数字化数据与数据源进行比较。图形部分的检查包括目视法、绘制到透明图上与原图叠加比较；属性部分的检查采用与原属性逐个对比或其他比较方法。

（2）元数据方法。元数据中包含了大量有关数据质量的信息，通过它可以检查数据质量，同时元数据也记录了数据处理过程中质量的变化，通过跟踪元数据可以了解数据质量的状况和变化。

（3）地理相关法。用地理特征要素自身的相关性来分析数据的质量。如从地表自然特征的空间分布着手分析，山区河流应位于地形的最低点（最低等高线）。

2. 数字化过程中的质量控制环节

（1）数字化预处理工作。包括对原始地图、表格等的整理、清绘。

（2）数字化设备的选用。根据扫描仪等设备的分辨率和精度等有关参数进行挑选，这些参数不应低于设计的数据精度要求。

（3）数字化对点精度（准确性）。数字化时数据采集点与原始点的重合程度，一般要求对点误差小于 0.1mm。

（4）数字化限差。包括采点密度（0.2mm）、接边误差（0.02mm）、接合距离（0.02mm）、悬挂距离（0.007mm）等。

（5）数据的精度检查。输入图与原始图之间的点位误差，一般要求直线地物和独立地物，误差小于 0.2mm；曲线地物和水系，误差小于 0.3mm；边界模糊的要素应小于 0.5mm。

# 任务五　空间数据的元数据

## 4.5.1　元数据的概念、内容及标准

### 1. 元数据的概念

一般认为元数据（Metadata）是"描述数据的数据"，即关于数据的描述性信息。传统的图书馆卡片、出版图书的版权说明、磁盘的标签等都是元数据。在地理空间数据中，元数据说明数据内容、质量、状况和其他有关特征的背景信息。纸质地图的元数据主要表现为地图类型、图例、图名、空间参考系统、图廓坐标、地图内容说明、比例尺、精度、编制出版单位、日期或更新日期、销售信息等。

随着计算机技术、GIS 技术以及网络通信技术的发展，空间数据的共享越来越重要。管理和访问大型数据集的复杂性正成为数据生产者和用户面临的突出问题。数据生产者需要有效的数据管理和维护办法；用户需要找到更快、更全面和有效的方法，以便发现、访问、获取和使用现势性强、精度高、易管理和易访问的地理空间数据。在这种情况下，空间数据的内容、质量、状况等元数据信息变得更加重要，成为信息资源有效管理和应用的重要手段。

### 2. 元数据的内容

元数据是 GIS 数据中不可缺少的一部分，其主要内容包括：

（1）对数据的描述。如数据来源、数据所有者、数据生产历史等的说明。

（2）对数据质量的描述。如数据精度、数据的逻辑一致性、数据完整性、分辨率、源数据的比例尺等。

（3）对数据处理的说明。如量纲的转换等。

（4）对数据转换方法的描述。

（5）对数据库的更新、集成方法等的说明。

### 3. 元数据的作用

元数据是使数据充分发挥作用的重要条件之一，对于促进数据的管理、使用和共享等均有着重要的作用，主要体现在数据文档建立、数据发布、数据浏览和数据转换等方面：

（1）提供有关数据生产单位数据存储、数据分类、数据内容、数据质量、数据性质、数

据时效、数据交换网络及数据销售等方面的信息，便于用户检索地理空间数据。

（2）帮助数据生产单位有效地管理和维护空间数据，建立数据文档。

（3）向 GIS 用户说明如何传递、处理和解释空间数据。

（4）提供通过网络对数据进行检索的方法或途径，以及与数据交换和传输有关的辅助信息。

4. 元数据的形式

元数据在形式上与其他数据没有区别，它可以以数据存在的任何一种介质形式存在。其常用形式是填写了数据源和数据生产工艺过程的文件卷宗，也可以是用户手册。用户手册提供的元数据容易阅读且可以联机查询。

元数据最主要的形式是与地理信息元数据内容标准相一致的数字形式。数字形式的元数据可以用多种方法建立、存贮和使用，最基本的是文本文件。文本文件便于传输给用户，因而被广泛采用。另一种形式是用超文本标识语言（Hypertext Markup Language，HTML）编写的超文本文件，用户可用浏览器查阅元数据。表 4 - 8 以某市国土资源局 1∶500 地形图元数据信息为例，说明元数据表达的主要内容。

表 4 - 8　　　　　　　　　　　某市国土资源局 1∶500 地形图元数据信息

| 数据库名称 | 某市 1∶500 地形数据库 |
| --- | --- |
| 数据范围 | 全市域 |
| 数据基本说明 | 1∶500 地形数据覆盖范围为整个市域，约 2700 平方公里，计 1∶500 比例尺地形图约 32700 幅。 |
| 产品生产时间 | 2000—2005 年 |
| 数据量 | 4.3G |
| 数据格式 | ARCSDE 矢量数据格式 |
| 数据交换格式 | SHAPE，DWG，MIF，PDB，VCT |
| 总图层数 | 44 |
| 图层基本信息 | 1∶500 空间数据库中存储按图层对控制点、居民地和垣栅、工矿建（构）筑物及其他设施、道路与交通附属设施、管网与附属设施、水系与附属设施及注记、行政境界及注记、高程点与等高线、地貌土质、植被、辅助信息等进行存储，图层的配置根据实际情况，将上述内容分为点、线、面、注记等内容 |
| 原始数据说明 | 平面坐标：XX 坐标系，高斯 3°度带投影，中央经线 114° |

5. 元数据标准

（1）美国空间数据元数据标准。美国联邦地理数据委员会（FGDC）是美国政府机构的一个协调性组织，其主要目的是在全国范围内促进对地理数据的共同开发、使用、共享和传播。由 FGDC 制定的空间数据元数据标准定义了一套数字化地理元数据的内容，并建立了相应的概念和术语，根据该标准的定义，元数据从以下 7 个方面对空间数据进行描述：

1）标识。包括数据名称、开发者、数据描述的区域、专题、现势性、对数据使用的限制等。

2）数据质量。包括数据质量的定义、数据精度、完整性、一致性、产生该数据的原始数据及处理过程。

3）空间数据组织。包括数字编码的空间数据组织方式，空间实体的数目，除空间坐标外其他的属性。

4）空间参考。包括数据采用的地图投影，存储格式（矢量或栅格），水平与垂直的地球参考系，从一种坐标系统转换到另一种坐标系统的方法。

5）实体和属性信息。指数据中包括的地理信息，信息的编码方式，编码的意义描述等。

6）分发。包括如何得到数据，数据的格式，存储介质，价格等。

7）元数据参考信息。包括数据何时完成，由谁完成等信息。

（2）ISO/TC211 地理信息标准。ISO/TC211 地理信息/地球信息科学专业委员会成立于 1994 年，其目的是为了促进全球地理信息资源的开发、利用和共享，即制定 ISO/TC211 地理信息/地球信息科学标准，它是对与地球上位置直接或间接有关的物体或现象信息的结构化标准。该标准共分为 25 个部分，其中第 15 部分是关于元数据标准的定义。

该部分定义了地理信息和服务的描述性信息标准。制定的目的是为了产生一个地理元数据的内容及有关标准，包括地理数据的现势性、精度、数据内容、属性内容、来源、覆盖地区及对各类应用的适应性如何等，以便用户快捷地得到适用的数据。

## 4.5.2 元数据的获取及管理

### 1. 元数据的获取

元数据的获取可在数据采集前、采集中和采集后进行。

数据采集前的元数据是根据要建设的数据库内容而设计，包括数据类型、数据覆盖范围、使用仪器说明、数据变量表示、数据收集方法、数据时间、数据潜在利用等。

数据采集过程中的元数据随数据的获取同步产生。例如在测量海洋要素数据时，测点的水平和垂直位置、深度、温度等是同时得到的。

数据采集后的元数据是对上述数据进行整理分类，包括数据处理过程描述、数据利用情况、数据质量评估、浏览文件的形成、拓扑关系、影像数据的指标体系及指标、数据集大小、数据存放路径等。

针对以上三个不同阶段，元数据的获取方法主要有：键盘输入、关联表、测量法、计算法和推理法。键盘输入法一般工作量大且容易出错；关联表法则通过公共字段从已存在的元数据或数据中获取有关的元数据；测量法容易使用且出错较少；计算法是由其他元数据或数据计算而得到新的元数据；推理法则根据数据的特征获取元数据。

通常情况下，在数据采集前主要采用键盘键入和关联表法获取元数据；数据采集过程中主要采用测量法来获取；而数据采集后主要采用计算法和推理法。

### 2. 元数据的管理

由于元数据在内容和形式的差异，元数据的管理与数据涉及的领域有关，它通过建立不同数据领域基础上的元数据管理信息系统实现。

## 4.5.3 元数据的应用

元数据的目的是促进数据集的高效利用。在 GIS 中，元数据的功能得到充分的发挥，其本身也得以有效地应用。

首先，它能够帮助用户获取数据。通过元数据，用户可以对空间数据库进行浏览、检索和研究等。一个完整的地学数据库除应提供空间数据和属性数据外，还应能提供给用户丰富的引导信息，以及由纯数据得到的分析、综述和索引等。通过这些信息，用户可以弄清楚诸如"这些是什么数据?"、"这个数据库是否有用?"等问题。

其次，元数据正确与否，直接影响着空间数据的质量。因此，它可以应用于空间数据质量的控制。

另外，元数据在数据集成中也得到了有效应用。数据集层次的元数据记录了数据格式、空间参考系统、数据的表达形式、数据类型等信息；系统层次和应用层次的元数据记录了数据使用软硬件环境、数据使用规范、数据标准等信息。这些信息在数据集成的一系列处理过程中，如数据空间匹配、属性一致化处理、数据在各平台之间的转换使用等是必需的。

最后，元数据使得数据得以有效地存储及数据功能实现。将元数据系统用于数据库的管理，可以避免数据的重复存储。通过元数据建立的逻辑数据索引，可以高效地检索分布式数据库中任何物理存储的数据，减少用户查询数据库及获取数据的时间，从而降低数据库的费用。

## 知 识 考 核

1. GIS 的数据源有哪些? 各有什么特征?
2. 简述属性数据分类的基本原则。
3. 简述属性数据的编码方法。
4. 如何将一张纸质地图转化为数字地图? 可采用哪些方法来完成?
5. 简述空间数据质量问题的来源。
6. 常见的空间数据质量评价方法和质量控制方法有哪些?
7. 简述元数据的概念、内容及获取方法。

# 项目五　空间数据编辑与处理

## 项目概述

空间数据编辑与处理是承接空间数据采集和空间数据入库的中间必需过程。由于空间数据源的多样性以及用户需求的不同，具体应用中涉及的空间数据编辑与处理的内容也不尽相同，主要包括图形和属性数据编辑、拓扑关系建立、几何纠正、坐标变换、图幅拼接、空间数据插值、空间数据压缩、空间数据结构转换等方面。通过空间数据编辑与处理可以使数据符合地理信息数据库的要求，实现数据的规范化。

## 学习目标

1. 掌握图形数据和属性数据编辑的内容和方法；
2. 理解拓扑关系的作用，掌握拓扑关系建立的方法；
3. 理解几何纠正的目的，掌握几何纠正的方法和步骤；
4. 理解空间数据坐标变换的实质，掌握几何变换和投影变换方法；
5. 掌握图幅拼接方法；
6. 理解空间数据插值目的，掌握常用的空间数据插值方法；
7. 理解空间数据压缩目的，掌握矢量数据和栅格数据压缩的方法和步骤；
8. 掌握矢量数据和栅格数据相互转换的方法和步骤。

# 任务一　空　间　数　据　编　辑

由于各种空间数据源本身存在误差，以及空间数据采集过程中人为因素的影响，导致获取的空间数据不可避免地存在各种错误和误差。为正确反映地物之间的关系，使数据达到建立拓扑关系的要求，必须对图形数据和属性数据进行检查、编辑，修正数据输入过程中的错误以及维护数据的完整性和一致性。空间数据编辑的主要内容包括两个方面：图形数据编辑和属性数据编辑。

### 5.1.1　图形数据编辑

1. 图形数据错误

图形数据的常见错误主要有：

（1）空间数据的不完整或重复。主要包括空间点、线、面数据的遗漏或重复，区域中心点的遗漏，栅格数据矢量化时引起的断线等。

（2）空间数据位置的不准确。主要包括空间点位的不准确，线段过长或过短，线段的断裂，相邻多边形结点的不重合等。

（3）空间数据比例尺不准确。

（4）空间数据的变形。

（5）属性数据和图形数据关联有误。

（6）属性数据不完整。

图 5-1 是数字化错误示例。

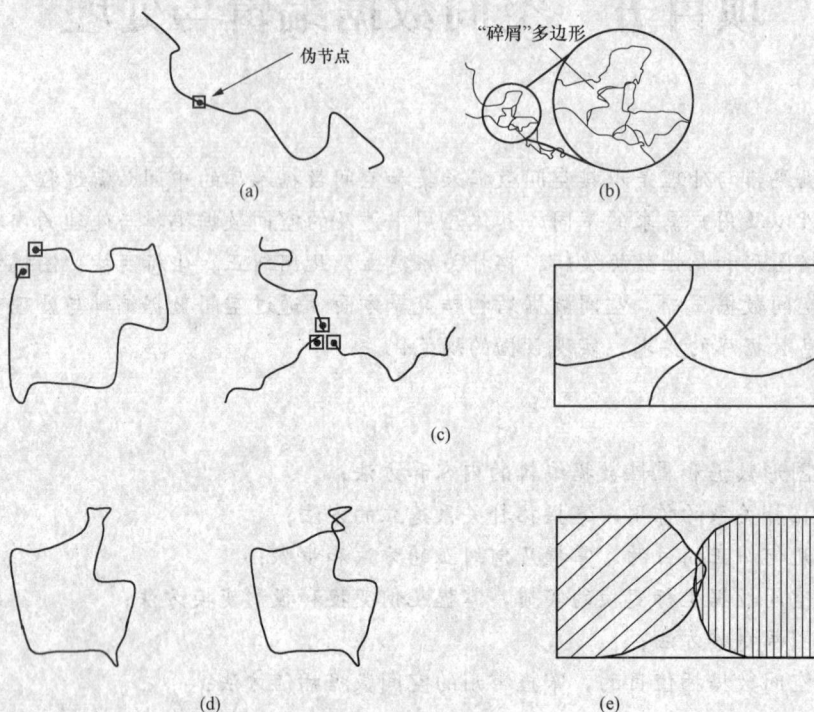

图 5-1　数字化错误示例

● 伪结点：使完整的一条线变成两段。造成伪结点的原因通常是没有一次性矢量化完毕一条线，如图 5-1（a）所示。

● "碎屑"多边形或"条带"多边形：一般由重复矢量化引起。由于前后两次矢量化同一条线的位置不可能完全一致，造成了"碎屑"多边形存在。另外，选用不同比例尺的地图来进行数据更新，也可能产生"碎屑"多边形，如图 5-1（b）所示。

● 悬挂结点：若一个结点只与一条线相连接，那么该结点称为悬挂结点。悬挂结点有多边形不封闭、不及和过头、结点不重合等几种情形存在，如图 5-1（c）所示。

● 不正规多边形：通常是由于矢量化线要素时，点的次序倒置或者位置不准确引起的。进行拓扑生成时，同样会产生"碎屑"多边形，如图 5-1（d）左图为正规多边形，右图为不正规多边形。

● 多边形重叠：相邻多边形边界存在重复矢量化情况，从而造成多边形重叠、不一致等结果出现，如图 5-1（e）所示。

2. 错误检查方法

为发现并有效消除以上错误，通常采用以下方法进行检查：

（1）叠合比较法。按与原图相同比例尺把数字化地图打印在透明材料上，然后与原图叠加在一起，在透光桌上仔细观察和比较。通常情况下，空间数据比例尺不准确和空间数据变形等错误可以很快发现；而图形数据的不完整和位置不准确则需用粗笔把遗漏、位置错误的地方明显地标注出来。若数字化范围比较大，分块数字化时，除检核一幅（块）图内的差错外，还应检核与已存入计算机的其他图幅的接边情况。

（2）目视检查法。在屏幕上用目视检查的方法，检查一些明显的数字化错误，包括线段过长或过短、多边形的重叠和裂口、线段的断裂等。

（3）逻辑检查法。根据一定的拓扑规则，进行拓扑一致性检验，建立拓扑关系。

3. 图形数据编辑

图形数据编辑包括节点、线、面的编辑，主要由 GIS 软件的图形编辑功能实现。

（1）节点的编辑。节点是线目标的端点，在 GIS 中的地位非常重要，是建立点、线、面关联，构建拓扑关系的桥梁和纽带。图形数据编辑工作大部分是针对节点进行的，如通过移动节点，可以解决节点不达、节点不匹配、多边形不闭合等问题；伪节点是同一条线之间的多余节点，直接删除即可，或者将两段线进行合并；节点超出可以通过移动节点或删除悬挂线段解决。

（2）线的编辑。线的编辑包括剪断线、删除线、移动线、延长线、拷贝线、光滑线、线的改向、连接线等。

（3）面的编辑。面的编辑主要通过线上加点、线上删点、移动线、删除线、延长线、剪断线等操作来完成编辑。如，碎屑多边形一般需要重新数字化；奇异多边形需要先打断线，再删除多余部分；多余多边形直接删除即可。

### 5.1.2 属性数据编辑

属性数据编辑主要包括两部分：

（1）属性数据与空间数据是否正确关联，标识码 ID 是否唯一，不含空值。

（2）属性数据是否准确，如类型是否正确、其值是否超过取值范围等。

对属性数据进行检查较图形数据而言稍困难一些，因为不准确性可能归结于许多因素，如观察错误、数据过时、数据输入错误等。属性数据检查一般采用以下两种方法进行：

（1）把属性数据打印出来进行人工校对。

（2）逻辑检查法。设定逻辑检查规则，检查属性数据的类型是否正确、长度是否超限、值是否在其取值范围内等。这种检查通常使用 GIS 软件自带的程序来完成。

想进一步学习利用 ArcGIS 进行矢量化操作的方法吗？扫描二维码开始学习吧！

# 任务二 拓扑关系建立

在 GIS 中，为真实地反映地理实体，不仅要包括实体的位置、形状、大小和属性，还必须反映实体之间的拓扑关系。拓扑关系的建立是图形数据进行空间查询、空间分析等操作的基础，是 GIS 数据管理和更新的重要内容。

空间数据编辑完成之后，就可以创建拓扑关系。通常，拓扑关系的建立过程由 GIS 软件提供的命令自动完成，但在某些情况下，需要对计算机创建的拓扑关系进行手工修改，典型的例子是网络连通性。建立拓扑关系时只需要注意实体之间的邻接、关联、包含、连通、层次等关系，而结点的位置、弧段的具体形状等非拓扑属性则不影响拓扑的建立过程。下面重点介绍拓扑关系建立的原理和方法。

### 5.2.1 多边形拓扑关系的建立

#### 1. 多边形类型

多边形有四种基本图形，如图5-2所示。

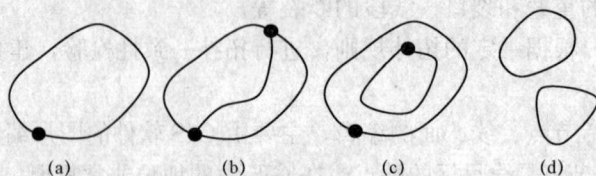

图 5-2 基本多边形；
(a) 独立多边形；(b) 相邻多边形；(c) 有岛多边形；(d) 复合多边形

（1）独立多边形。与其他多边形没有共享边界，如独立房屋、独立池塘等。这种多边形在数字化过程中直接生成。

（2）相邻多边形。具有公共边的简单多边形，如相邻宗地、相邻果园等。这种多边形在数字化过程中公共边界只需采集一次。

（3）有岛多边形。多边形内包含一个或多个多边形，如湖泊和湖心岛的关系。这种多边形在建立完拓扑关系后，需要执行挑子区操作。

（4）复合多边形。由两个或两个以上不相邻的多边形组成。这种多边形一般是在建立完单个多边形以后，利用人工或采用相应规则的方法组合成复合多边形。

#### 2. 多边形拓扑关系建立

建立多边形的拓扑关系是矢量数据自动拓扑关系生成中最关键的部分，算法比较复杂，需要描述以下实体之间的关系：①组成多边形的弧段；②弧段左右两侧的多边形，弧段两端的结点；③结点相连的弧段。多边形拓扑关系的建立过程实质上就是确定上述关系，主要包括以下5个步骤：

（1）弧段的组织。找出在弧段的中间相交而不是在端点相交的情况，如图5-3所示，自动剪断形成新的弧段；把弧段按一定顺序存储，如按最大或最小X或Y坐标的顺序，这样查找和检索都比较方便，然后把弧段按顺序编号。

（2）结点匹配。结点匹配是指把一定限差内弧段的端点作为一个结点，其坐标值取多个端点的平均值；然后，对结点顺序编号，如图5-4所示。

（3）检查多边形是否闭合。检查多边形是否闭合可以通过判断一条弧段的端点是否有与之匹配的端点来进行。如图5-5所示，弧段 $a$ 的端点 $P$ 没有与之匹配的端点，因此无法用该条弧段与

图 5-3 弧段相交的形式

结点匹配

图 5-4 结点匹配

其他弧段组成闭合多边形。

多边形不闭合的原因可能是由于结点匹配限差选取不合适，或者由于数字化误差较大以及数字化错误等引起，造成应匹配的端点未匹配。解决该问题的方法有两种：图形编辑或重新确定匹配限差。另外，若这条弧段本身就是悬挂弧段，则不需要参加多边形拓扑，这种情况下可以对该弧段作标记，使之不参加下一阶段拓扑建立过程。

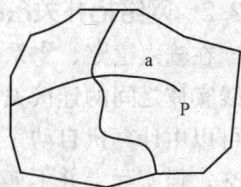

图 5-5　多边形闭合检查

（4）建立多边形拓扑关系。根据多边形拓扑关系自动生成算法，建立拓扑关系，过程如下：

1）顺序取一个结点为起始结点，取过该结点的任一条弧段作为起始弧段。

2）取这条弧段的另一结点，找出靠这条弧段最右边的弧段作为下一条弧段。

3）判断是否回到起点：若是，则形成一多边形，记录并转步骤 4）；若否，则转步骤 2）。

4）取由起始点开始所形成多边形的最后一条边作为新的起始弧段，转步骤 2）；若这条弧段已用过两次，即已成为两个多边形的边，则转步骤 1）。

例如，图 5-6 建立多边形的过程为：

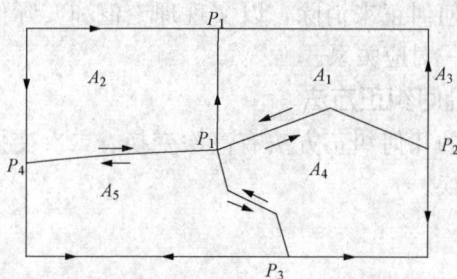

图 5-6　多边形的建立过程

①从结点 $P_1$ 开始，起始弧段定为 $P_1P_2$；从结点 $P_2$ 算起，$P_1P_2$ 最右边的弧段为 $P_2P_5$；从结点 $P_5$ 算起，$P_2P_5$ 最右边的弧段为 $P_5P_1$；因此，形成多边形 $P_1P_2P_5P_1$。

②从结点 $P_1$ 开始，以 $P_1P_5$ 为起始弧段，形成的多边形为 $P_1P_5P_4P_1$。

③从结点 $P_1$ 开始，以 $P_1P_4$ 为起始弧段，形成的多边形为 $P_1P_4P_3P_2P_1$。

④这时以 $P_1$ 为结点的所有弧段均被使用了两次，因而转向下一个结点 $P_2$，继续进行多边形追踪，直至所有的结点取完。共追踪出五个多边形，即 $A_1$、$A_2$、$A_3$、$A_4$、$A_5$。

（5）岛的判断。岛的判断是指找出多边形相互包含的情况，即寻找多边形的连通边界。根据上述追踪多边形的方法，单多边形（即由单条弧段或由多条弧段顺序构成的，不与其他多边形相交的多边形，如图 5-7）被追踪了两次，因为每条弧段必须使用两次，因此，一个多边形的面积为正，另一个为负。若一个多边形包含另一多边形，则必然是面积为正的多边形包含面积为负的多边形。解决多边形包含问题的步骤为：

1）计算所有多边形的面积。

2）分别对面积为正的多边形和面积为负的多边形排序。

3）从面积为正的多边形中，顺序取每个多边形，取完为止；若面积为负的多边形个数为 0，则结束。

4）找出该多边形所包含的所有面积为负的多边形，并把这些多边形加入到包含它们的多边形中，转步骤 3）。

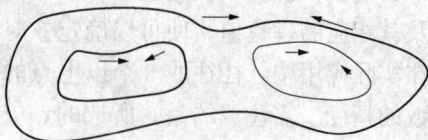

图 5-7　岛的判断

需注意的是，由于面积为负的多边形只能被一个多边形包含，所以，当面积为负的多边形被包含后，应去掉该多边形，或对其作标识；而当没有面积为负的多边形时，应停止判断。

### 5.2.2　网络拓扑关系的建立

在输入道路、水系、管网、通信线路等信息时，为了进行流量以及连通性分析，需要确定线实体之间的连接关系。网络拓扑关系的建立包括确定结点与连接线之间的关系，这个工作可以由计算机自动完成。然而在某些情况下，如道路交通应用中，一些道路虽然在平面上相交，但实际上并不连通，如立交桥，这时需要手工修改，将连通的结点删除，如图5-8所示。

扫一扫：ArcGIS常见拓扑错误的修改方法。

# 任务三　几　何　纠　正

矢量化过程中，由于数字化设备精度、人为操作误差、图纸变形等因素影响，输入的图形数据与实际图形在位置上存在偏差或变形，必须通过几何纠正来消除，以实现理论值和实际值之间的一一对应关系。

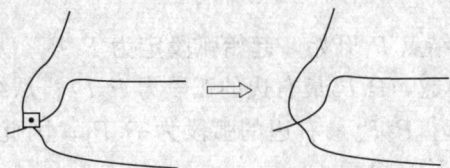

图5-8　实际不连通线路形成的结点删除

### 5.3.1　几何纠正方法

常用的几何纠正方法有高次变换、二次变换和仿射变换。

**1. 高次变换和二次变换**

高次变换公式为：

$$\begin{cases} X = a_0 + a_1 x + a_2 y + a_{11} x^2 + a_{12} xy + a_{22} y^2 + A \\ Y = b_0 + b_1 x + b_2 y + b_{11} x^2 + b_{12} xy + b_{22} y^2 + B \end{cases} \tag{5-1}$$

式（5-1）是高次曲线方程，符合此方程的变换称为高次变换。式中，$x$、$y$为变换前坐标，$X$、$Y$为变换后坐标；$a$、$b$为待定系数；$A$、$B$为高次项之和。

当不考虑高次变换方程中的$A$和$B$时，则变成二次方程，如式（5-2）所示，称为二次变换。

$$\begin{cases} X = a_0 + a_1 x + a_2 y + a_{11} x^2 + a_{12} xy + a_{22} y^2 \\ Y = b_0 + b_1 x + b_2 y + b_{11} x^2 + b_{12} xy + b_{22} y^2 \end{cases} \tag{5-2}$$

高次变换和二次变换的实质是：制图资料上的直线经变换后，可能成为高次曲线和二次曲线。二者适用于原图有非线性变形的情况。

在高次变换和二次变换中有6对待定系数，理论上只需要知道数字化原图上6个点的坐标及其相应的理论值，便可以确定6对待定系数的值，从而建立变换方程，进行几何纠正。但在实际应用中，往往取6个以上点的坐标及其理论值，并用最小二乘法求解，以提高解算系数的精度。需注意的是，所选的点应均匀分布于全图。

**2. 仿射变换**

仿射变换是使用最多的一种几何纠正方式，它可以对坐标数据在 x 和 y 方向上进行不同比例的缩放，同时进行旋转和平移。其特性是：

（1）直线变换后仍为直线。

（2）平行线变换后仍为平行线，并保持简单的长度比。

（3）不同方向上的长度比会发生变化。

$$\begin{cases} X = a_1 x + a_2 y + a_0 \\ Y = b_1 x + b_2 y + b_0 \end{cases} \tag{5-3}$$

上式（5-3）是仿射变换方程。对于仿射变换，只需要知道不在同一直线上的 3 对控制点的坐标及其理论值，就可求得待定系数。但在实际应用中，通常利用 4 个以上的点进行几何纠正，并按最小二乘法原理来确定待定参数，以提高变换精度。

如果坐标数据在 $x$ 和 $y$ 方向上进行相同比例的缩放，同时进行旋转和平移，则称为相似变换。

## 5.3.2　几何纠正对象

常见的几何纠正对象有地形图的纠正和遥感影像的纠正。

### 1. 地形图的纠正

对地形图的纠正一般采用四点纠正法或逐网格纠正法。

四点纠正法一般是根据选定的数学变换函数，输入需纠正的地形图的图幅行列号、比例尺、图幅名称等，生成标注图廓，分别采集四个图廓控制点坐标完成。

逐网格纠正法是在四点纠正法不能满足精度要求的情况下采用。这种方法和四点纠正法的区别在于采样点数目的不同，它是逐方里网进行的，即对每一个方里网都要采点。

采点时，一般要先采集源点（需纠正的地形图），后采集目标点（标准图廓）；先采集图廓点和控制点，后采集方里网点。

### 2. 遥感影像的纠正

一般选用和遥感影像比例尺相近的地形图或正射影像图作为变换标准，选用合适的变换函数，分别在要纠正的遥感影像和标准地形图或正射影像图上采集同名地物点。

采点时要按先采集源点（影像），后采集目标点（地形图）的顺序进行，所选点要均匀分布于图面，且点不能太多。如果在选点时没有注意点位的分布或点太多，不但不能保证精度，反而会使影像产生变形。另外，点位应选择由人工建筑构成的且不会移动的地物点，如沟渠、桥梁或道路交叉点等，尽量不选易变动的河流交叉点，以免点的移位影响配准精度。

# 任务四　坐　标　变　换

对于数字化地图数据，由于设备坐标系与用户坐标系不一致，以及不同来源的地图存在投影与比例尺的差异，因此，需要对地图进行几何变换和投影变换。

空间数据坐标变换的实质是，建立两个坐标系坐标点之间的一一对应关系。

## 5.4.1　几何变换

几何变换包含二维几何变换和三维几何变换，由于通常的制图资料大部分是二维的，因此本书只介绍二维几何变换。二维几何变换包括旋转、平移和缩放，如图 5-9 所示。

（1）旋转。在地图几何变换中，经常要应用旋转操作，如图 5-9 中第一行图形所示。实现旋转操作需要利用三角函数。假定顺时针旋转角度为 $\alpha$，其公式如图 5-9 中第一行方程所示，其中 $x_0$、$y_0$ 是旋转前坐标，$x$、$y$ 为旋转后坐标。

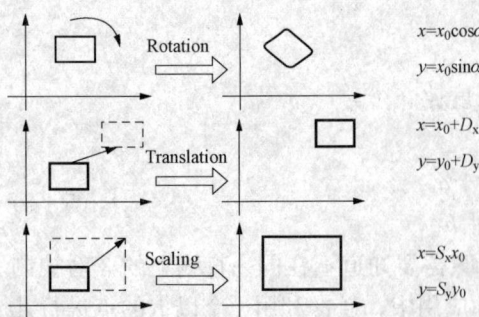

$x=x_0\cos\alpha-y_0\sin\alpha$

$y=x_0\sin\alpha+y_0\cos\alpha$

$x=x_0+D_x$

$y=y_0+D_y$

$x=S_x x_0$

$y=S_y y_0$

图 5-9　旋转、平移和缩放

（2）平移。平移是将图形的一部分或整体移动到坐标系中的另外位置，如图 5-9 中第二行图形所示。变换公式如图 5-9 中第二行方程所示，其中 $D_x$、$D_y$ 为平移距离。

（3）缩放。缩放操作可以用于输出大小不同的图形，如图 5-9 中第三行图形所示。变换公式如图 5-9 中第三行方程所示，其中 $S_x$、$S_y$ 为缩放系数。

## 5.4.2　投影变换

当系统所使用的数据是来自不同地图投影的图幅时，需要将一种投影的几何数据转换成所需投影的几何数据，这就需要进行投影变换。

地图投影变换的实质是建立两个平面场之间点的一一对应关系。假定原图点的坐标为 $(x,y)$（称为旧坐标），新图点的坐标为 $(X,Y)$（称为新坐标），则由旧坐标变换为新坐标的基本方程见下式：

$$\left.\begin{array}{l} X=f_1(x,y)\\ Y=f_2(x,y) \end{array}\right\} \tag{5-4}$$

常用的投影变换方法有三种：解析变换法、数值变换法和数值解析变换法。

### 1. 解析变换法

解析变换法是找出两投影间坐标变换的解析计算公式。由于所采用的计算方法不同又可分为反解变换法和正解变换法。

反解变换法（又称间接变换法）：是一种中间过渡的方法，即先求出原地图投影点的地理坐标 $(\varphi,\lambda)$ 对于 $(x,y)$ 的解析关系式，然后将其代入新图的投影公式中求得其坐标。即 $(x,y)\rightarrow(\varphi,\lambda)\rightarrow(X,Y)$。

正解变换法（又称直接变换法）：这种方法不需要反解出原地图投影点的地理坐标，而是直接求出两种投影点的直角坐标关系式。即 $X=f(x,y)$，$Y=g(x,y)$。

### 2. 数值变换法

如果原投影点的坐标解析式不知道，或不易求出两投影间坐标的直接关系，可以采用多项式逼近的方法，即用数值变换法来建立两投影间的变换关系式。例如，可采用二元三次多项式进行变换，其变换方程为：

$$\left.\begin{array}{l} X=a_{00}+a_{10}x+a_{01}y+a_{20}x^2+a_{11}xy+a_{02}y^2+a_{30}x^2+a_{21}x^2y+a_{12}xy^2+a_{03}y^3\\ Y=b_{00}+b_{10}x+b_{01}y+b_{20}x^2+b_{11}xy+b_{02}y^2+b_{30}x^3+b_{21}x^2y+b_{12}xy^2+b_{03}y^3 \end{array}\right. \tag{5-5}$$

通过选择 10 个以上两种投影间的共向点，并组成最小二乘法条件式，即

$$\left.\begin{array}{l} \sum_{i-1}^{n}(X_i-X_i')^2=\min\\[2mm] \sum_{i-1}^{n}(Y_i-Y_i')^2=\min \end{array}\right\} \tag{5-6}$$

其中，$n$ 为点数；$X_i$，$Y_i$ 为新投影的实际变换值；$X_i'$，$Y_i'$ 为新投影的理论值。根据求极值原理，可得到两组线性方程，即可求得各待定系数值。

在实际应用中，变换取决于区域大小、已知点密度、数据精度、所需变换精度及投影间的差异大小等因素，理论和实践上决不是二元三次多项式所能概括的。数值变换原理如图 5-10 所示。

3. 数值解析变换法

已知新投影的公式，但不知原投影的公式时，可先通过数值变换求出原投影点的地理坐标 $\varphi$，$\lambda$，然后代入到新投影公式中，求出新投影点的坐标，即

$$(x,\ y) \xrightarrow{\text{数值变换}} (\varphi,\ \lambda) \xrightarrow{\text{解析变换}} (X,\ Y)$$

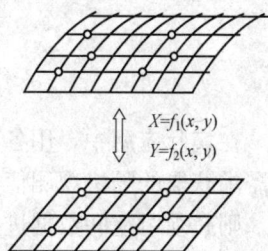

图 5-10 数值变换原理

在使用 GIS 的过程中，很多人会把坐标系统和投影系统两个概念混淆起来，扫描二维码即可得到正确答案哦！

# 任务五 图 幅 拼 接

GIS 管理的是海量数据且比例尺较大，因此，依靠单幅图的管理不能满足应用需求。目前，大部分 GIS 应用系统都是以图幅为单位进行管理的，按照图幅将大区域空间数据进行分割，通常采用经纬线分幅或规则矩形分幅，如图 5-11 所示。

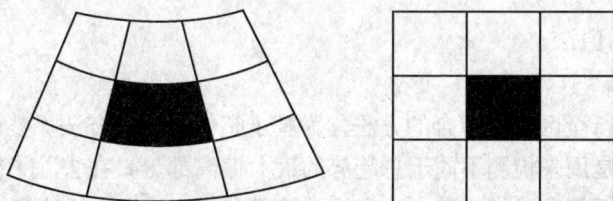

图 5-11 经纬线分幅和规则矩形分幅

采用分幅管理不可避免地会造成一个地理实体分属多个图幅，对整个空间而言，就不能保证正确的拓扑关系。为解决既能按分幅数字化输入、存储和管理空间数据，又能将分属于不同图幅的同一地理实体建立起正确的空间关系，以便对整个空间数据进行正确的查询、分析和统计等问题，就必须采用图幅拼接的方法来实现。

图幅拼接总是在相邻两图幅之间进行。要将相邻两个图幅之间的数据集中起来，就要求相同实体的线段或弧段的坐标数据相互衔接以及属性码相同，因此必须对图幅数据的边缘进行匹配处理。

匹配的方法有两种：第一种方法是小心地修改空间数据库中相同实体的坐标和编码，以维护数据库的连续性；第二种方法是采用手工完成，即先对准两幅图的一条边缘线，然后再小心地调整其他线段使其取得连续。图幅拼接过程如图 5-12 所示。

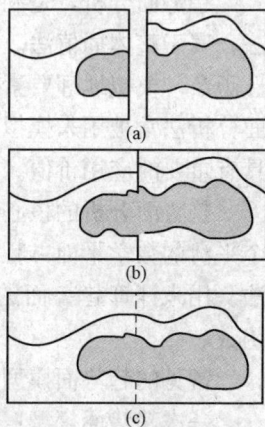

图 5-12 图幅拼接
(a) 拼接前；
(b) 拼接后的边缘不匹配；
(c) 边缘匹配后结果

扫一扫：学习如何利用 Arc-GIS 对地形图进行无缝拼接。

# 任务六　空间数据插值

在实际应用中，用各种方法采集的空间数据往住是按用户自己
的需求获取的随机观测值，如遇到采样密度不够、曲线与曲面光滑处理、空间趋势预测等问题，则必须对空间数据进行插值和拟合，由已观测点的数据推算出未知点的数据值，这种方法称为空间数据的插值。

空间数据的插值是地理信息系统数据处理和分析的常用方法之一，其主要目的是根据一组已知的离散数据，按照某种数学关系推求其他未知点和未知区域的数据的过程。它在等值线图的自动绘制、数字地面模型的建立以及区域分析中均有着广泛的应用。

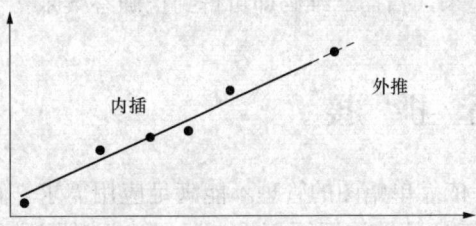

图 5-13　空间数据插值

空间数据插值分为内插和外推。在已观测点的区域内估算未观测点的数据的过程称为内插；在已观测点的区域外估算未观测点的数据的过程称为外推，如图 5-13 所示。

空间插值的理论假设是：空间位置越靠近的点越有可能获得与实际值相似的数据，而空间位置越远的点则获得与实际值相似的数据的可能性越小。

插值方法分为整体插值法和局部插值法。

## 5.6.1　整体插值法

基于研究区域内所有采样点的值进行全区特征拟合的方法称为基于整体的插值方法。整体插值方法通常不直接用于空间插值，而是用来检测不同于总趋势的最大偏离部分，在去除了宏观地物特征后，可用剩余残差进行局部插值。代表性的方法有：趋势面分析、边界内插法等。

1. 趋势面分析

趋势面分析，是利用数学曲面模拟地理要素在空间上的分布及变化趋势的一种数学方法，属于整体插值法。它实质上是通过回归分析原理，运用最小二乘法拟合出一个二维非线性函数，模拟地理要素在空间上的分布规律，展示地理要素在地域空间上的变化趋势。趋势面分析法常被用来模拟资源、环境、人口及经济要素在空间上的分布规律，在空间分析方面具有重要的应用价值。

趋势面分析的核心是：从实际观测值出发推算趋势面，即先用已知采样点数据拟合出一个平滑的数学平面方程，再根据该方程计算无测量值的点上的数据，一般采用回归分析方法。用来计算趋势面的数学方程式有多项式函数和傅立叶级数，其中最常用的是多项式函数。

常见的趋势面模型有：

一次趋势面模型：$z = a_0 + a_1 x + a_2 y$

二次趋势面模型：$z = a_0 + a_1 x + a_2 y + a_3 x^2 + a_4 xy + a_5 y^2$　　　　　　　　　　(5-7)

三次趋势面模型：$z = a_0 + a_1 x + a_2 y + a_3 x^2 + a_4 xy + a_5 y^2 + a_6 x^3 + a_7 x^2 y + a_8 xy^2 + a_9 y^3$

2. 边界内插法

使用边界内插法时，首先要假定任何重要的变化都发生在区域的边界上，边界内的变化

则是均匀的、同质的。这种概念模型经常用于土壤和景观制图，通过定义"均质的"土壤景观、景观图斑来表达其他的土壤、景观特征。

边界内插的方法之一是泰森多边形法。泰森多边形法内插的基本原理是：由加权产生未知点的最佳值，即由邻近的各泰森多边形属性值与它们所对应未知点泰森多边形的权值（比如面积百分比）进行加权平均得到。

如图 5-14 所示，设各邻近泰森多边形的属性值表示为 $A_{pi}$，占未知点泰森多边形的面积百分比为 $S_{pi}$，则内插值 $A_Q$ 为：

$$A_Q = \sum_{t=1}^{s} S_{pi} \cdot A_{pi} \qquad (5-8)$$

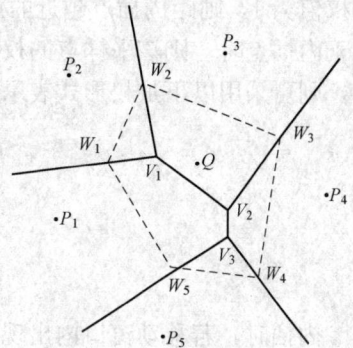

图 5-14　泰森多边形法

## 5.6.2　局部插值法

利用局部范围内已知采样点的数据估算未知点的数据的方法称为基于局部的插值方法，代表性的有移动平均法、克里金法等。如，地面上的地形是起伏变化的，尤其是丘陵和山区；因此，用一个低次多项式来拟合整个地面形态不切实际，而若用高次多项式来模拟又会出现函数的不稳定性。如果缩小区域范围，当划分的范围越小，地形变化就越简单，也就越容易拟合。局部插值法就是将一定范围内的区域分成若干个小区域，然后利用局部范围内的已知采样点进行拟合。包括以下步骤：

（1）定义一个邻域或搜索范围。

（2）搜索落在此邻域范围内的数据点。

（3）选择表达这有限个点的空间变化数学函数。

（4）为落在规则格网单元内的数据点赋值。

（5）重复以上步骤直到格网内的所有点赋值完毕。

使用局部插值法需注意：所使用的插值函数，邻域的大小、形状和方向，数据点的个数以及数据点的分布方式是规则的还是不规则的。

### 1. 移动平均法

移动平均插值法（距离倒数插值法）是一种典型的逐点内插法，是在局部范围（或窗口）内计算 $n$ 个数据点的距离加权平均值，窗口可以是矩形或圆形。

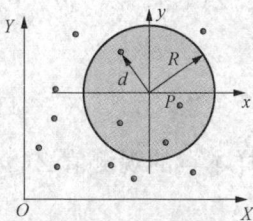

以圆形窗口为例：首先以内插点 $P$ 为中心，按某一半径 $R$ 作圆；然后选定某一多项式内插函数，用落在该圆内的采样点的特征观测值来拟合该范围的特征值曲面；进而求得待内插点的特征值，如图 5-15 所示。

多项式内插函数的典型代表为二次多项式：

$$f(x,y) = a_1 x^2 + a_2 xy + a_3 y^2 + a_4 x + a_5 y + a_6 \qquad (5-9)$$

图 5-15　移动平均法

上式有 6 个待定系数，因此只要取样半径内有 6 个采样点（最好是四个象限内均有点），即可以确定这 6 个未知数。当采样点不足 6 个时，需要扩大取样半径；当采样点超过 6 个时，可将距离较远的参考点去除。

考虑到数据圆中各点对内插点（中心点）的影响作用不同，可采用权重作为影响因子。

设权值为 1，则距内插点越近的点，对内插点的影响越大，权值越大；当某一采样点无限接近于内插点时，则该采样点的权值为 1，如图 5 - 15 所示。设 $d_i$ 为采样点和内插点之间的距离，则可采用以下加权形式表示：

$$\left.\begin{array}{l} p_i = \dfrac{1}{d_i^2} \\[2mm] p_i = \dfrac{R - d_i^2}{d_i} \\[2mm] p_i = e^{-d_i^2/R^2} \end{array}\right\} \qquad (5 - 10)$$

内插时，若移动窗口内出现突变，如有山谷线穿过时，则用加权法不能有效逼近。如图

图 5 - 16　移动窗口内的地性线

5 - 16 所示，$A$、$P$ 两点间的距离小于 $B$、$P$ 或 $C$、$P$ 的距离，但由于 $A$ 点在山谷线的另一侧坡面上，故 $A$ 点不能用距离加权法参与计算。因此，在进行单点移动窗口内插时，需要判断移动窗口内是否有突变，若含有地性线等突变，则应按地性线再分割，直到不含地性线为止。

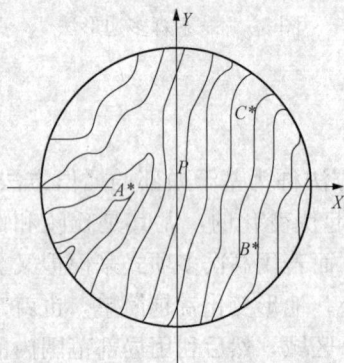

2. 克里金法

克里金法是一种地质统计方法，用于求最优、线性、无偏内插估计量。相比常规方法，其优点在于不仅考虑了各已知数据点的空间相关性，而且在给出待估计点的数值的同时，还能给出表示估计精度的方差。经过多年的发展和完善，克里金法又延伸出普通克里金法、泛克里金法等。

下面介绍普通克里金法。

普通克里金法首先利用将要用来插值的离散点集合建立一个变量图，变量图通常包括两部分：根据实验获得的变量图和模型变量图。假设要插值的数值用 $z$ 表示，则通过计算集合中的每个点相对于其他点的差异，并且用差异和对应的点之间的距离作图，就可以得到根据实验获得的变量图。通常用计算的方法求 $z$ 差值平方的一半，这样的变量图又称半方差图。

一旦实验获得的变量图计算完成后，就可以定义一个模型变量图。模型变量图是用一个简单的数学函数来模拟实验所获得的变量图的趋势，在小的间距上 $z$ 的差异是很小的。也即是说，彼此靠近的点有近似的 $z$ 值。在某一个距离的间隔后，$z$ 值的差异从某种程度上会变得随机而没有规律。一旦模型变量图建立以后，即可以用来计算克里金方法的权重。

设 $Z(x)$ 是一个二阶平稳的随机函数，它在 $n$ 个位置的取样为：$Z(x_1)$、$Z(x_2)$、……、$Z(x_n)$，则在点 $x_0$ 处的估计量为：

$$Z^*(x_0) = \sum_{i=1}^{n} w_i Z(x_i) \qquad (5 - 11)$$

式中：$n$ 是集合中离散点的个数；$w_i$ 是权重系数，表示各空间样本点的观测值 $Z(x_i)$ 对估计值 $Z^*(x_0)$ 的贡献程度。

克里金法的一个重要特点是变量图可以被用来对每一个插值点计算估计的预期误差。

扫一扫：学习如何利用 ArcGIS 进行克里金插值分析。

# 任务七 空间数据压缩

GIS 中存储的海量空间数据采用了高频率的点集记录方式，有时数据分辨率太高反而不利于与其他数据进行匹配。为减少数据存储量，节省存储空间，提供处理速度，必须将大量原始数据转换为有用的、有条理的、精炼而简单的信息，这一过程称为空间数据的压缩。空间数据压缩分为矢量数据的压缩和栅格数据的压缩。

## 5.7.1 矢量数据压缩

矢量数据的压缩是有损压缩。常用的压缩算法有道格拉斯—普克法、垂距法等。

1. 道格拉斯-普克法

道格拉斯-普克法的基本思路是：首先给定限差 $D$，然后将曲线的首末两点连接，生成一条直线段，求出线上所有点与该直线的距离，并找出最大距离值 $d_{max}$，用 $d_{max}$ 与阈值 $D$ 相比：若 $d_{max} < D$，则这条曲线上的中间点全部舍去；若 $d_{max} \geq D$，则保留 $d_{max}$ 对应的坐标点，并以该点为界，把曲线分为两部分；对这两部分重复使用上述方法。算法流程如图 5-17 所示，示例如图 5-18 所示。

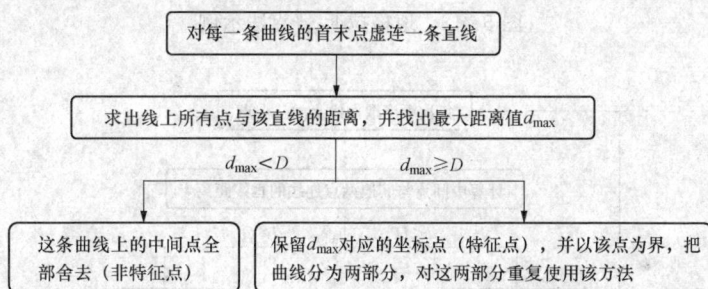

图 5-17 道格拉斯-普克法流程图

2. 垂距法

垂距法的基本思路是：首先给定限差 $D$，每次顺序取曲线上的三个点，计算中间点与其他两点连线的垂线距离 $d$，并与限差 $D$ 相比；若 $d < D$，则中间点舍去；若 $d \geq D$，则中间点保留；顺序取下三个点继续处理，直到这条线结束。算法流程如图 5-19 所示，示例如图 5-20 所示。

## 5.7.2 栅格数据压缩

栅格文件一般都很大，在高分辨率的情况下所需的存储空间更大。由于栅格模型的表达与分辨率密切相关，所以，同样属性的空间对象在高分辨率的情况下将占据更多的像元或存储单元。为减少数据冗余，必须对栅格数据进行压缩编码。

栅格数据压缩分为有损压缩和无损压缩。有损压缩是指在编码中损失一些认为不太重要的信息，解码后，这部分信息无法恢复；无损压缩是指在编码过程中信息没有丢失，经过解码可以恢复原有的信息。常用的压缩方法有游程长度编码和四叉树编码等。

1. 游程长度编码

游程长度编码，也称行程编码，是一种无损压缩方法。基本思想是：按行扫描，把具有相同属性值的邻近栅格单元合并在一起，合并一次称为一个游程。游程用一对数字表达，其

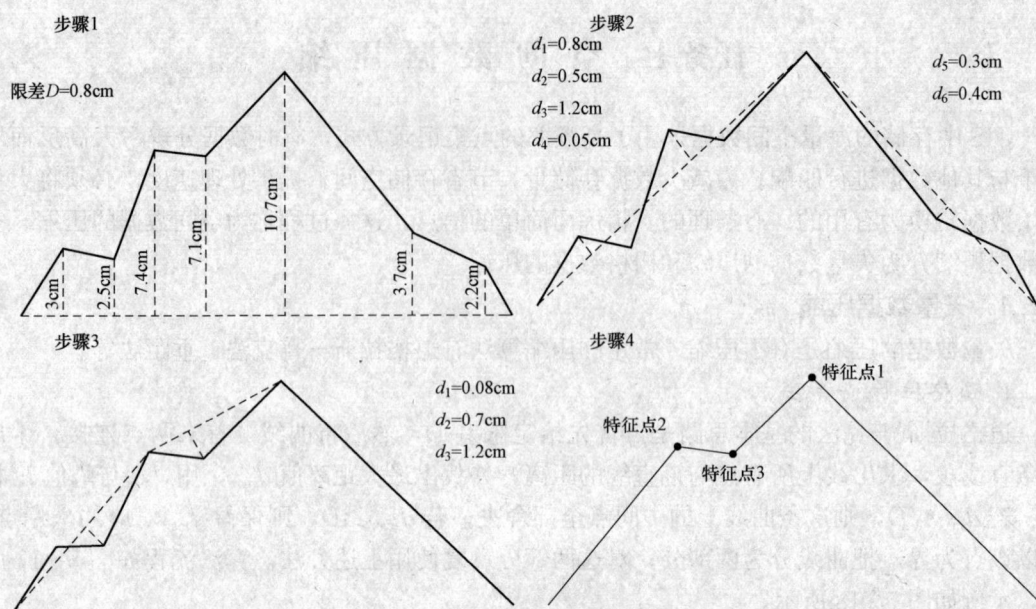

图 5 - 18　道格拉斯-普克法示例

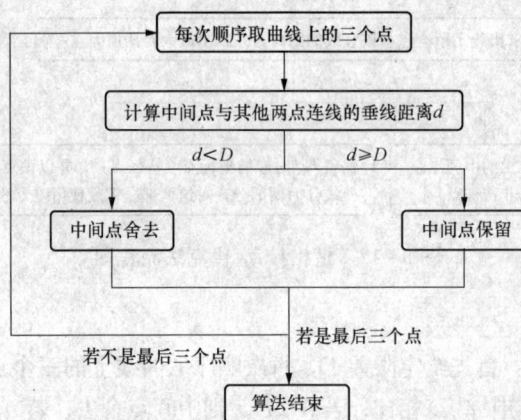

图 5 - 19　垂距法流程图

中，第一个值表示游程长度，第二个值表示游程属性。每个新行都以一个新的游程开始，也可在行与行之间连续编码。

图 5 - 21 给出了栅格数据阵列沿行方向进行游程长度编码的结果。

若在行与行之间不间断地连续编码，则为 （4，A）（3，B）（6，A）（3，B）（3，A）（1，C）（2，A）（3，B）（3，A）（2，C）（1，A）（3，B）（2，A）（4，C）（6，A）（4，C）。

对于游程长度编码，栅格区域越大，地理数据的相关性越强，则压缩效果越好。其优点是：压缩效率较高，易于进行叠加、合并等运算，编码和解码运算快；缺点是解码不唯一。

如游程长度编码为 （5，A）（3，B）（2，A）（2，B）（2，A）（2，B）的栅格阵列经解码后，可以有以下几种排列形式，如图 5 - 22 所示。

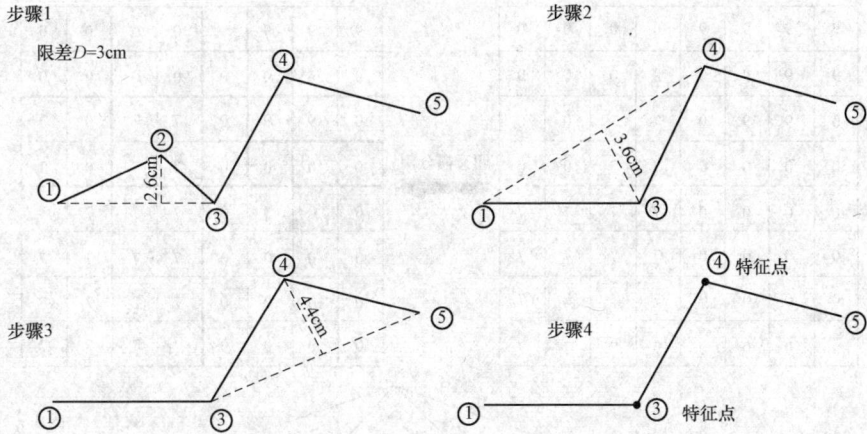

图 5-20   垂距法示例

图 5-21   游程长度编码示例

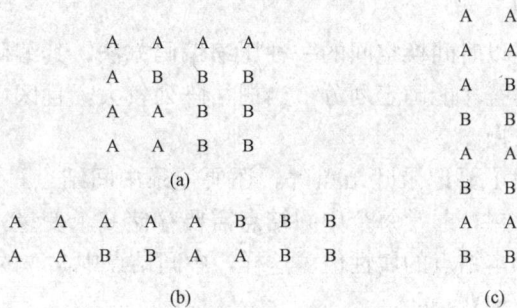

图 5-22   游程长度解码不唯一示例

## 2. 四叉树编码

（1）常规四叉树编码。常规四叉树编码的基本思想是：将 $2^n \times 2^n$ 个像元所构成的栅格阵列按四个象限进行等分；若子象限的属性值不相同，则进行递归分割，直到子象限的属性值相同为止；最后得到一棵四叉的倒向树，该树的层数最高为 $n$。对于非标准尺寸的栅格阵列需首先通过增加行列的方法将栅格数据扩充为 $2^n \times 2^n$ 个像元，对不足的部分以 0 补足（在建树时，对于补足部分生成的叶结点不存储，存储量并不会增加）。

图 5-23 所示为利用常规四叉树编码对栅格阵列进行分割的过程及生成的四叉树。四个象限按顺序为西北（NW）、东北（NE）、西南（SW），东南（SE）。

常规四叉树编码具有区域性质，具有可变的分辨率和较高的压缩效率。然而，高的压缩

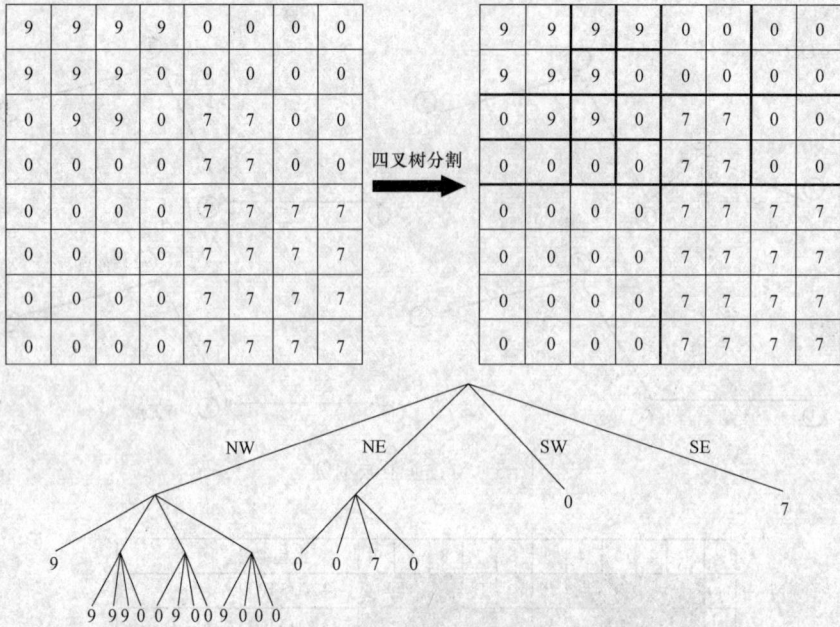

图 5-23　常规四叉树编码

效率是以增加运算时间为代价的。通常，时间与空间是一对矛盾，为了更有效地利用空间资源，减少数据冗余，不得不花费更多的时间进行编码。

好的压缩编码方法就是要在尽可能减少运算时间的基础上达到最大的数据压缩效率，且算法适应性强，易于实现。

常规四叉树编码即是以时间换空间的一种压缩编码方法，其编码过程中需要大量运算，因为大量数据需要重复检查才能确定划分。当栅格阵列较大，且区域内要素又比较复杂时，建立这种四叉树的速度较慢。

此外，常规四叉树除了要记录叶结点外，还要记录中间结点，结点之间靠指针进行联系。因此，为了记录四叉树，通常每个中间结点需要存储 6 个变量，即指向父结点的指针、指向四个子结点的指针和本结点的属性值。这样，中间结点中 5/6 的存储空间都用来存放指针，造成存储空间的极大浪费。

而结点所代表的图像块的大小则是由结点所在的层次决定，层次数由从父结点移到叶结点的次数来确定，结点所代表的图像块的位置则需要从根结点开始逐步推算下来。

为解决常规四叉树编码存在的上述问题，提出了一些改进的方法，下面介绍最常用的线性四叉树编码。

（2）线性四叉树编码。线性四叉树编码的基本思想是：不需要记录中间结点和使用指针，仅需记录叶结点，并用地址码表示叶结点的位置。

线性四叉树编码分为四进制和十进制两种。下面介绍常用的十进制编码，又称为Morton 码。

为了得到线性四叉树的地址码，首先将二维栅格数据的行列号转化为二进制数，然后交叉放入 Morton 码中，即为线性四叉树的地址码，如图 5-24 所示。

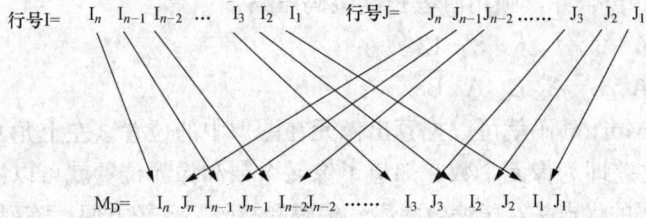

图 5-24 Morton 码编码方法

例如，对于第 5 行、第 7 列的 Morton 码为：

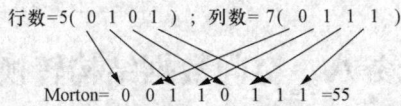

行数=5( 0 1 0 1 ) ；列数=7( 0 1 1 1 )

Morton= 0 0 1 1 0 1 1 1 =55

以此类推，在一个 $2^n \times 2^n$ 的栅格阵列中，每个像元都对应一个 Morton 码。当 $n=3$ 时，$8 \times 8$ 栅格阵列的 Morton 码如图 5-25 所示：

从图 5-25 给出的 Morton 码中可以看出，线性四叉树叶结点的编码遵循一定的规则，它隐含了叶结点的位置和深度信息。由此，即可以通过 Morton 码推算出像元的位置。

| 0 | 1 | 4 | 5 | 16 | 17 | 20 | 21 |
|---|---|---|---|----|----|----|----|
| 2 | 3 | 6 | 7 | 18 | 19 | 22 | 23 |
| 8 | 9 | 12 | 13 | 24 | 25 | 28 | 29 |
| 10 | 11 | 14 | 15 | 26 | 27 | 30 | 31 |
| 32 | 33 | 36 | 37 | 48 | 49 | 52 | 53 |
| 34 | 35 | 38 | 39 | 50 | 51 | 54 | 55 |
| 40 | 41 | 44 | 45 | 56 | 57 | 60 | 61 |
| 42 | 43 | 46 | 47 | 58 | 59 | 62 | 63 |

图 5-25 $8 \times 8$ 栅格阵列的 Morton 码

把一幅 $2^n \times 2^n$ 的图像压缩成线性四叉树的过程为：

①按 Morton 码把图像读入一维数组。

②相邻的四个像元比较，一致的合并，只记录第一个像元的 Morton 码。

③比较所形成的大块，相同的再合并，直到不能合并为止。

对于用线性四叉树编码方法所形成的压缩数据还可以进一步用游程长度编码进行压缩，压缩时只记录第一个像元的 Morton 码。

如图 5-26 所示图像的 Morton 码为：

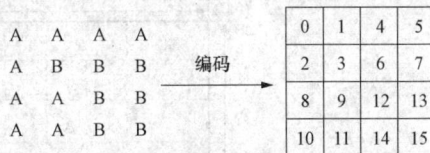

| A | A | A | A |
|---|---|---|---|
| A | B | B | B |
| A | A | B | B |
| A | A | B | B |

编码 →

| 0 | 1 | 4 | 5 |
|---|---|---|---|
| 2 | 3 | 6 | 7 |
| 8 | 9 | 12 | 13 |
| 10 | 11 | 14 | 15 |

图 5-26 $4 \times 4$ 栅格阵列的 Morton 码

压缩编码处理过程为：

①按 Morton 码读入一维数组；

Morton 码：0 1 2 3 4 5 6 7 8 9 10 11 12 13 14 15

像 元 值：A A A B A A B B A A A A B B B B

②四个相邻的像元合并，只记录第一个像元的 Morton 码；

Morton 码：0 1 2 3 4 5 6 7 8 12

像 元 值：A A A B A A B B A B

③由于不能进一步合并，则用游程长度编码压缩。

Morton 码：0　3　4　6　8　12

像 元 值：A B A B A B

解码时，根据 Morton 码就可以推算出像元在图像中的位置（左上角），本 Morton 码和下一个 Morton 码之差即为像元个数，知道了像元个数和像元位置就可以恢复出栅格图像。

线性四叉树编码的优点是：压缩效率高，编码和解码都比较方便；阵列各部分的分辨率可不同，既可以精确地表示图形结构，又可以减少存储量，易于进行大部分图形操作和运算。

缺点是：不利于形状分析和模式识别，即具有图形编码的不定性，如同一形状和大小的多边形可得出完全不同的四叉树结构。

# 任务八　空间数据结构转换

在地理信息系统中栅格数据与矢量数据各具特点与适用性，它们互为补充，必要时相互转换。

## 5.8.1　矢量数据结构转换成栅格数据结构

矢量数据向栅格数据转换时，首先必须确定栅格单元的大小。即根据原矢量图的大小、精度要求及所研究问题的性质，确定栅格的分辨率。

矢量数据的基本坐标是直角坐标 $(x,y)$，原点为图的左下方；栅格数据的基本坐标是行和列 $(i,j)$，原点为图的左上方。所以要进行两种数据的变换，首先要建立两种数据坐标系之间的对应关系。

矢量数据和栅格数据的坐标转换关系如图 5-27 所示，其转换公式为：

$$\Delta x = \frac{x_{\max} - x_{\min}}{I}$$

$$\Delta y = \frac{y_{\max} - y_{\min}}{J}$$

(5-12)

式中：$\Delta x$，$\Delta y$ 分别表示每个栅格单元的边长。

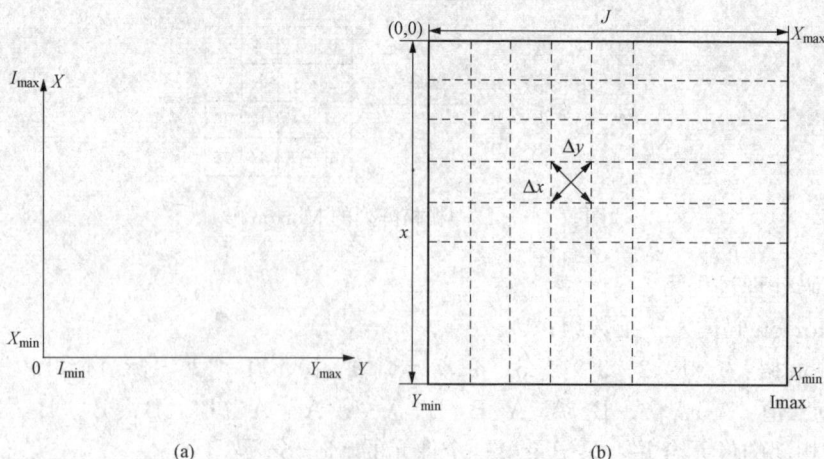

(a)　　　　　　　　　　(b)

图 5-27　矢量点坐标和栅格点坐标的关系

（a）矢量坐标；（b）栅格坐标

**1. 点的栅格化**

每个点状实体仅由一个坐标对表示，其矢量数据结构和栅格数据结构的相互转换基本上只是坐标精度转换的问题。

设矢量坐标点 $(x, y)$，转换后的栅格单元行列值为 $(i, j)$，则可由下式求出：

$$i = \text{Integer}\left(\frac{x_{\max} - x}{\Delta x}\right)$$

$$j = \text{Integer}\left(\frac{y - y_{\min}}{\Delta y}\right)$$

(5 - 13)

式中：Integer 表示取整；$\Delta x$、$\Delta y$ 分别表示一个栅格的宽和高，通常 $\Delta x = \Delta y$。

**2. 线的栅格化**

由于曲线可用折线来表示，也即是当折线上取点较多而密集时，折线在视觉上就形成曲线。所以线的栅格化实质上就是相邻两点之间直线段的栅格化。

对直线段的栅格化步骤是：首先对线段的两个端点先栅格化，然后栅格化线段的中间部分。对线段的中间部分栅格化可运用扫描线算法实现。

设线段的两端点坐标分别为 $(x_1, y_1)$ 和 $(x_2, y_2)$，栅格化后的单元行列值分别为 $(i_1, j_1)$ 和 $(i_2, j_2)$。则行数差：$\Delta i = |i_2 - i_1|$，列数差：$\Delta j = |j_2 - j_1|$。分两种情况进行处理：

当列数差大于行数差时，即 $\Delta j > \Delta i$，平行于 $x$ 轴做每一列的中心线（图中虚线为扫描线），称为扫描线。求每一条扫描线与线段的交点，按点的栅格化方法将交点转为栅格坐标。

当行数差大于列数差时，即 $\Delta i > \Delta j$，平行于 $y$ 轴做每一行的中心扫描线。再求每一条扫描线与线段的交点，按点的栅格化方法将交点转为栅格坐标，如图 5-28 所示。

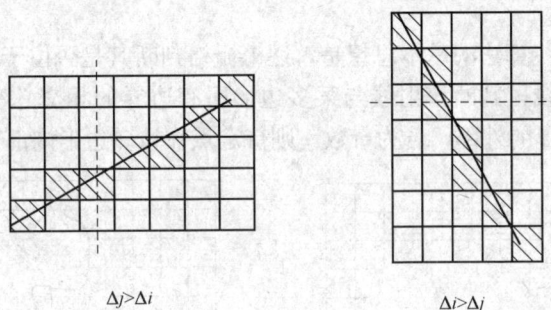

$\Delta j > \Delta i$　　　　　　　　$\Delta i > \Delta j$

图 5 - 28　线段栅格化的两种处理情况

**3. 面域多边形的栅格化**

在栅格数据结构中，每个栅格单元都有一个属性值，表示一种地物。矢量多边形的栅格化，除了要对多边形轮廓按线的栅格化方法进行栅格化处理外，还需要进行面域的填充，即将多边形的内部栅格单元赋予多边形的属性值。对面域进行填充的算法主要有内部点扩散算法，射线算法，复数积分算法以及边界代数算法等。

（1）内部点扩散算法。内部点扩散算法的基本思想是：

1）按一定栅格尺寸将矢量图经栅格化后，对矢量图内每个面域多边形分别选择一个内部点（种子点）。

2）从种子点开始，向其 8 个邻域栅格扩散，分别判断这 8 个栅格是否位于多边形的边界上：若是，则该栅格不作为种子点，该方向上的扩散结束；若不是，则该栅格作为新的种子点。

3）新种子点与原种子点一起进行新的扩散运算。

4）重复以上过程，直到所有新老种子点填满该多边形并遇到边界为止，如图 5 - 29 所示。

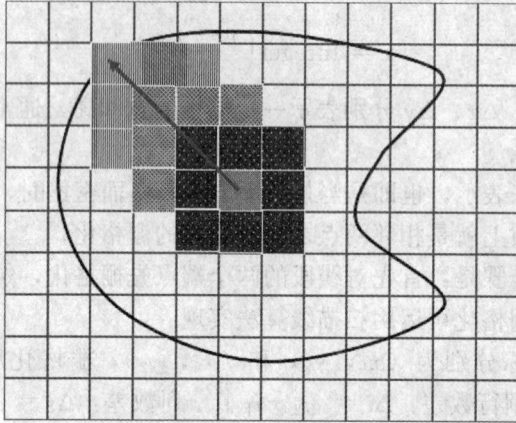

图 5 - 29　内部点扩散算法原理（以西北方向为例）

内部点扩散算法程序设计比较复杂，需要在栅格矩阵中进行搜索，内存消耗较大。当栅格尺寸取得不合理（过大）时，某些复杂图形（如狭长多边形）的两条边界落在同一个或相邻的两个栅格内，会造成多边形不连通。此时，一个种子点不能完成整个多边形的填充，如图 5 - 30 所示。

（2）射线算法。射线算法的基本思想是，逐个栅格判断其是否位于某个多边形之内：由待定栅格向任意方向引射线，判断该射线与某多边形所有边界的相交总次数；若相交次数为偶数，则待定点在该多边形的外部，若为奇数，则待定点在该多边形内部，如图 5 - 31 所示。

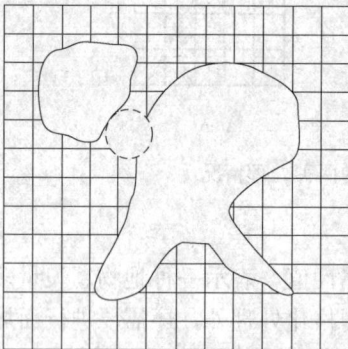

图 5 - 30　多边形不连通实例

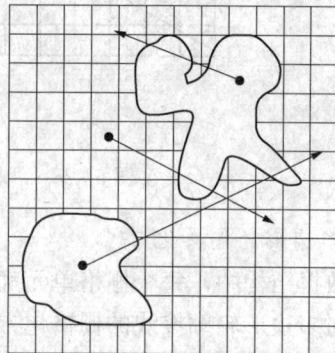

图 5 - 31　射线算法原理

射线算法要逐个栅格计算其与图内所有多边形的交点次数，运算量很大。此外，若射线与多边形边界出现相切、重合等情况，则会影响交点个数的统计，必须予以判断并排除，从而影响了算法的可靠性。

（3）复数积分算法。复数积分算法的基本思想是：对整个栅格矩阵的像元逐个判断其所属多边形的编号。判断方法是：由待判断像元对每个多边形的封闭边界计算复数积分，若其对于某多边形的积分值为 $2\pi i$，则该像元位于多边形内部，并将多边形编号赋予该像元；否则，该像元位于多边形外部。

复数积分算法本身设计简单，可靠性也非常好，但由于涉及大量的乘除运算，运算时间很长，难以在较低档次的计算机上采用。

若采用一些优化方法，如根据多边形边界坐标的最大最小值范围组成的矩形（也称最小包络矩形）来判断是否需要做复数积分运算，则可以在一定程度上提高运算速度。

（4）边界代数算法。边界代数算法适合于具有拓扑关系的多边形矢量数据结构转换为栅格数据结构。该算法的基本思想是：

1）将覆盖该多边形的面域（地图）进行整体栅格化，并对栅格矩阵进行零初始化处理；则图上每一条边界弧段都与两个不同编号的多边形相邻，按弧段的前进方向分别称为左、右多边形。

2）由其边界上某一点开始，沿顺时针方向搜索其边界弧段。

3）若边界弧段为上行，则对该弧段左侧具有相同行坐标的所有栅格全部减去一个多边形编号。

若边界弧段为下行，则对该弧段左侧（从前进方向看为右侧）具有相同行坐标的所有栅格全部加上一个多边形编号。

若边界弧段平行于栅格行走向时，不做运算。

4）循环一周，回到起点，则该多边形边界内的栅格均被赋予了该多边形的编号，具有该多边形的属性，而多边形边界外的栅格值不变（仍为零）。

以图 5-32 为例，利用边界代数算法对其进行填充的过程如下：

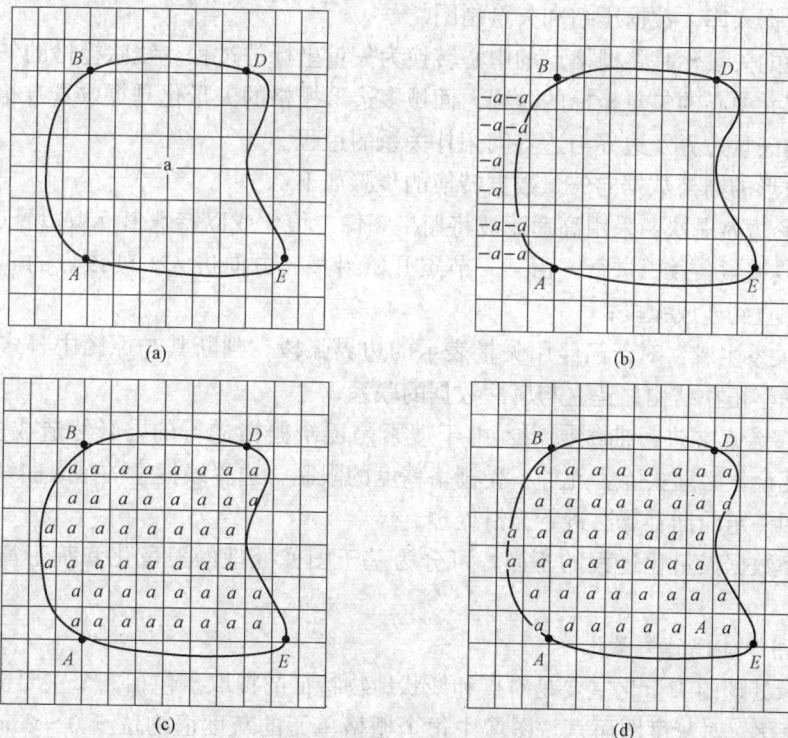

图 5-32　边界代数算法填充过程

1）将栅格阵列零初始化，如图 5 - 32（a）所示。·

2）从 A 点开始，沿顺时针方向。弧段 AB 为上行，则对该弧段左侧具有相同行坐标的所有栅格全部减去一个多边形编号，即 $0-a=-a$，如图 5 - 32（b）所示。

3）弧段 BD 并行于栅格行走向，不做运算。

4）弧段 DE 为下行，则对该弧段左侧具有相同行坐标的所有栅格全部加上一个多边形编号，即 $0+a=a$，而经第②步运算后属性值为 $-a$ 的像元加上 $a$ 后，属性值又恢复成 0，如图 5 - 32（c）所示。

5）弧段 EA 并行于栅格行走向，不做运算。如此，循环一周回到起点，最后得到转换后的栅格多边形如图 5 - 32（d）所示。

本例中的每条弧段均为单值上行弧段或下行弧段。有时，一条弧段可能既包含上行弧段和下行弧段，这时可将弧段分成上、下两段分别处理。

边界代数算法与其他算法的区别是，不需要逐点搜索来判断多边形边界，而是根据边界的拓扑信息，通过简单的加减代数运算将拓扑信息赋予各栅格像元。

边界代数算法不需要考虑边界与搜索轨迹之间的关系，只需对每条弧段逐一搜索且仅搜索一次，就可完成矢量向栅格的转换。因此，算法简单，可靠性好，运算速度快。然而，边界代数算法并不能完全替代其他算法，在某些场合下，仍需要采用内部点扩散算法和射线算法，前者应用于在栅格图像上提取特定的区域；后者则可以进行点和多边形关系的判断。

### 5.8.2　栅格数据结构转换成矢量数据结构

栅格数据结构向矢量数据结构的转换又称为矢量化，其实质是将具有相同属性代码的栅格数据集合转变成由少量数据组成的边界弧段以及区域边界的拓扑关系。矢量化的目的一般有三种，即数据入库、数据压缩和矢量制图。

单个栅格的矢量化是将栅格点的中心转换为矢量坐标的过程。线状栅格的矢量化是提取栅格线序列像元中心的矢量坐标的过程。面域多边形栅格的矢量化是提取具有相同属性编码的栅格集合的矢量边界及边界与边界间拓扑关系的过程。

面域多边形的栅格数据向矢量数据转换的步骤如下：

① 多边形边界提取：采用高通滤波将栅格图像二值化或以特殊值标识边界点；

② 边界线搜索：逐弧进行，由某一节点开始沿某一方向进入，朝该点的 8 个邻域搜索其后续节点，直到连成弧段；

③ 拓扑关系生成：对于已经用矢量表示的边界弧段，判断其与原图中各多边形的空间关系，形成完整拓扑结构并建立与属性数据的联系；

④ 去除多余点并进行曲线圆滑：由于搜索是逐个栅格进行的，必然造成多余点记录，为减少数据冗余，必须去除。此外，受栅格精度的限制，边界线搜索的结果曲线可能不够光滑，需要采用一定的插补算法进行光滑处理。

根据栅格数据矢量化过程的不同，可分为基于图像处理的矢量化和基于窗口匹配的矢量化。

1. 基于图像处理的矢量化

基于图像处理的矢量化主要是对点和线状地物特征的提取。包括三个主要步骤：

（1）二值化。对灰度图而言，图像中每个栅格单元的灰度值均位于 0～255 之间。二值化的目的就是将 256 级不同灰度压缩到 2 个灰度，即 0 和 1 两级。

方法如下：首先在 0～255 灰度之间定义一个灰度阈值 $T$，如果第 $i$ 行，$j$ 列栅格的灰度值 $G(i,j)$ 大于等于 $T$，则将该栅格的属性值赋为 1；如果 $G(i,j)$ 小于 $T$，则将该栅格的属性值赋为 0，得到二值图。式中：$B(i,j)$ 为第 $i$ 行，$j$ 列栅格的属性值。

$$B(i,j)=\begin{cases}1\cdots G(i,j)\geqslant T\\0\cdots G(i,j)<T\end{cases} \tag{5-14}$$

对于彩色密度图像和遥感伪彩色图像，需要使用动态跟踪和动态阈值处理技术，本书不再累述，可参看有关遥感图像处理资料。

（2）细化。细化是消除线划横断面栅格数的差异，使得每一条线只保留代表其轴线或周围轮廓线（对面状符号而言）位置的单个栅格宽度。对二值化处理后的栅格线细化的方法有很多，最具代表性的有"剥皮法"和"骨架法"两种。

1）剥皮法。剥皮法的基本思想：从线的边缘两侧开始，每次剥去等于一个栅格宽度的一层，直到最后仅剩下彼此相连的两个栅格宽或恰好一个栅格宽的线划图形为止。当还剩两个栅格宽时，要根据栅格单元边相连或角相连的规则来判断是否能够继续剥皮。此时可使用 $3\times3$ 窗口匹配原理，即通过检查中心栅格与其 8 邻域栅格的连通性，来判断该中心栅格是否可以删除，如图 5-33 所示。

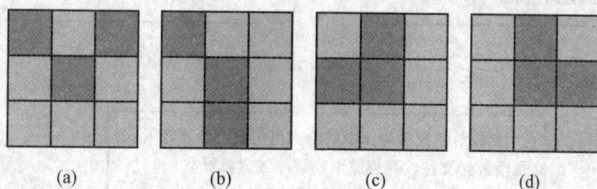

图 5-33　剥皮法
（a）、（b）中心栅格不可删除；（c）、（d）中心栅格可以删除

2）骨架法。骨架法的基本思想是：在二值化的基础上，针对各条待矢量化的栅格线，求出线上每个栅格的 $3\times3$ 窗口的属性码之和，并用此和值对该中心栅格重新赋值；对重新赋值后的栅格线，找出每一行中最大栅格属性码所在位置，该栅格位置即为栅格线的骨架，即是最后的矢量线所经过的点，如图 5-34 所示。

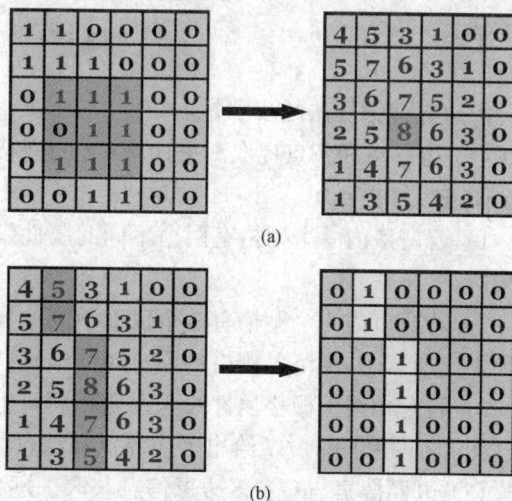

（3）跟踪。跟踪的目的是将细化后的栅格数据整理为从结点出发的弧段或封闭曲线，并以矢量形式存储于特征栅格点中心的坐标。其实施过程如图 5-35 所示。

基于图像处理的矢量化技术的难点是：对各类注记等复杂图形的提取和识别，以及对断裂等非连续现象的识别和自动处理。

图 5-34　骨架法细化过程
（a）$3\times3$ 窗口之和；（b）提取骨架

## 2. 基于窗口匹配的矢量化

采用双边界搜索算法实现，算法的基本
思想是通过边界提取，将左右多边形信息保存在边界点上，每条边界弧段由两个并行的边界弧段组成，分别记录该边界弧段的左右多边形编号。多边形边界线搜索采用 $2\times2$ 的栅格窗口，在每个窗口内的四个栅格的数据模式可以唯一地确定下一弧段的搜索方向和该弧段的拓扑关系，这种方法可以加快搜索速度，拓扑关系也容易建立。

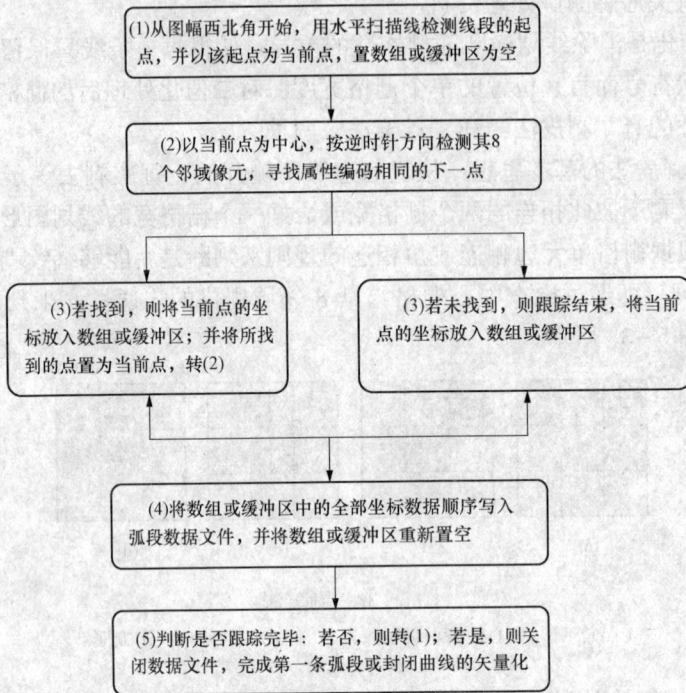

图 5-35　跟踪过程

双边界搜索算法的步骤是：

（1）边界点和节点提取。采用 $2\times2$ 的栅格窗口作为搜索窗口，顺序沿行、列方向对栅格全图进行扫描：

1）若窗口内 4 个栅格有两个不同的属性编码，则标识为边界点并保留各栅格的原有属性编码。

2）若窗口内 4 个栅格有 3 个以上不同的属性编码，则标识为结点（即不同边界弧段的图形不连通），并保留各栅格的原有属性编码。

3）若对角线上栅格属性编码两两相同，也属于不连通情况，作为结点处理。

图 5-36 和图 5-37 给出了边界点和结点的各种情形。

（2）边界搜索与左右多边形信息获取。逐条进行弧段搜索，每条弧段从一组已标识的 4 个相邻节点开始，首先记录起始边界点的 2 个多边形编号作为该弧段的左右多边形；下一节点的搜索方向则由前一节点的进入方向和该点的可能走向来决定。每个节点只有两个可能的走向：或者是前一节点的进入方向，或者是后一节点的可能进入方向。

（3）去除多余点。去除多余点算法基于如下思想：在一条边界弧段上的连续 3 个点，如

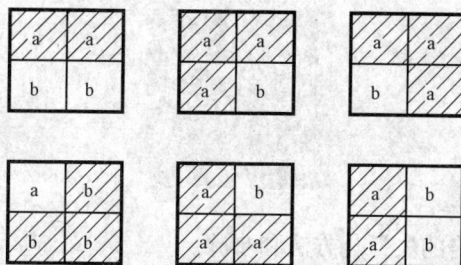

图 5-36  边界点的 6 种结构

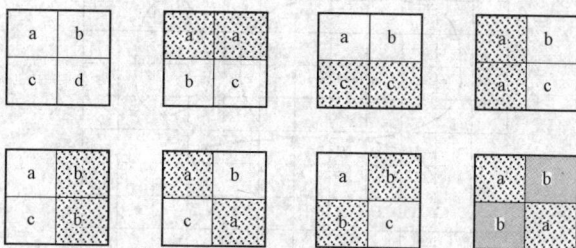

图 5-37  结点的 8 种结构

果在一定程度上可以认为在一条直线上（满足直线方程），则 3 个点中的中间点被认为是多余点，予以去除。多余点是由于栅格向矢量转换时逐点搜索边界造成的（当边界为直线时）。

边界线搜索实例如图 5-38 所示。

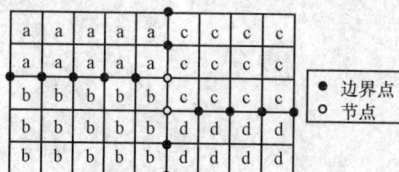

图 5-38  边界线搜索实例

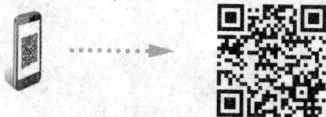

扫一扫：学习 ArcGIS 中栅格数据和矢量数据的相互转换方法。

## 知 识 考 核

1. 阐述空间数据坐标变换的实质，列举出几种常见的投影变换方法。

2. 常见的栅格数据压缩编码方式有几种？请分别利用它们对下列栅格矩阵进行编码。

3. 简述空间数据插值的目的，列举出常见的空间数据插值方法。

4. 假设一条矢量等高线上的点过于密集了，如何减少占用系统的存储空间？你能给出多少方法？各有什么适用范围？

5. 矢量数据结构向栅格数据结构转换的方法有哪些？分别阐述其算法原理，各举一例进行说明。

```
0 2 2 5 5 5
2 2 2 2 2 5
2 2 2 2 3 3
0 0 2 3 3 3
0 0 3 3 3 3
0 0 0 3 3 3
```

6. 阐述面域多边形栅格的矢量化方法和步骤。

7. 利用边界代数算法完成下图由矢量向栅格的转换。

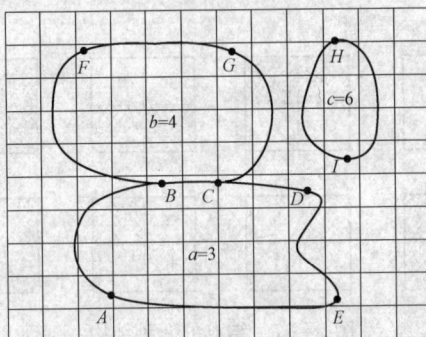

# 项目六　地理空间数据库

## 项目概述

空间数据库是在关系数据库的基础上发展形成的，而关系数据库的基础是数据库技术。通过对数据库、数据库管理系统、数据库系统、数据模型等基本概念的介绍，重点阐述关系模型、关系数据库的建立方法及结构化查询语言 SQL。在此基础上，引入空间数据库的概念，介绍空间数据库的设计及实施方法，通过实例进一步将知识系统化。

## 学习目标

1. 掌握数据库、数据库管理系统、数据库系统的基本概念；
2. 理解数据模型的基本概念，重点掌握 E−R 图的绘制方法，关系模型的数据结构、数据操作和完整性约束等基本内容；
3. 掌握关系数据库的建立方法；
4. 掌握常用的 SQL 语句；
5. 掌握空间数据库的基本概念，理解面向对象的空间数据库模型；
6. 理解空间数据库设计的基本内容，掌握设计和实施方法。

## 任务一　数据库技术

数据库技术起源于 20 世纪 60 年代末 70 年代初，是借助计算机软件技术以取代人工来保存和管理复杂、大量的数据的一门数据处理技术，其主要研究如何科学地组织和存储数据，如何高效地使用和管理数据。

数据库技术目前在事务处理、情报检索、人工智能、专家系统、计算机辅助设计与制造、地理信息系统等领域已得到越来越广泛的应用。数据库的建设规模、信息量的大小和使用频度已成为衡量国家信息化程度的重要标志。

数据库技术包括许多基本术语，主要有数据（参见项目一任务二）、数据库、数据库管理系统、数据库系统等。

### 6.1.1　数据库

数据库（Data Base，DB）是长期存储在计算机内，有组织、可共享的数据集合，它不仅包含数据本身，而且包含相关数据之间的关系。数据库中的数据具有以下特点：

（1）按一定的数据模型组织、描述和存储。
（2）较小的冗余度。
（3）较高的数据独立性和易扩展性。
（4）共享性。

### 6.1.2　数据库管理系统

数据库管理系统（Data Base Management System，DBMS）是位于用户与操作系统之间的一层数据管理软件。其主要任务是科学有效地组织和存储数据、高效地获取和管理数据、接受和完成用户提出的各种访问请求。DBMS 的主要功能包括以下几个方面：

（1）数据定义功能。提供数据定义语言（Data Definition Language，DDL），用户通过它可以方便地对数据库中的数据对象进行定义，例如对数据库、表、索引进行定义。

（2）数据操作功能。提供数据操作语言（Data Manipulation Language，DML），用户通过它可以实现对数据库的基本操作，例如对表中的数据进行查询、插入、删除、修改等。

（3）数据库运行控制功能。是数据库管理系统的核心部分，包括：

1）并发控制。即处理多个用户同时使用某些数据时可能产生的问题，如一个用户要写入数据时，另一个用户要读取该数据而产生的错误，或两个用户同时要对某数据进行写入操作而出现的错误等。

2）安全性控制。是对数据库采用的一种保护措施，防止非授权用户存取造成数据的泄密或破坏，如设置密码、用户访问权限等。

3）完整性控制。指数据的正确性和一致性，系统应采取一定的措施保障数据有效，与数据库的定义一致。

数据库在建立、应用和维护时所有操作都要由这些控制程序统一管理和控制，以保证数据的安全性、完整性以及多用户对数据的并发使用和发生故障后的系统恢复。

（4）数据库的建立和维护功能。包括数据库初始数据的输入、转换功能，数据库的转储恢复功能，数据库的重新组织功能和性能监视、分析功能等。

DBMS 是数据库系统的重要组成部分。

### 6.1.3　数据库系统

数据库系统（Data Base System，DBS）是指具有管理和控制数据库功能的计算机应用系统，如以数据库为基础的管理信息系统。数据库系统一般由硬件系统、数据库集合、数据库管理系统及相关软件、数据库管理员和用户五部分组成。

硬件系统是整个数据库系统的基础，需要有足够大的内存、足够大容量的磁盘等直接存取设备；数据库集合是若干个设计合理、满足应用需求的数据库；数据库管理系统是为数据库的建立、使用和维护而配置的软件；相关软件是支持软件，如操作系统等；数据库管理员是全面负责建立、维护和管理数据库系统的人员；用户是最终系统的使用和操作人员。

# 任务二　数　据　模　型

模型是现实世界特征的模拟和抽象。数据库是某个企业、组织或部门所涉及的数据的综合，它不仅要反映数据本身的内容，而且要反映数据之间的联系。由于计算机不能直接处理现实世界中的具体事物，所以必须将具体事物转换成计算机能够处理的数据。在数据库中即是用数据模型（Data Model，DM）来抽象、表示和处理现实世界中的数据和信息。因此，数据模型就是现实世界数据特征的抽象。

数据模型反映了数据库中数据与数据之间的联系。任何一个数据库管理系统都是基于某种数据模型的,不仅管理数据的值,而且要按照模型管理数据之间的联系。一个具体的数据模型应当反映全部数据之间的整体逻辑关系。

根据数据模型应用的目的不同,可以把数据模型分为两类:一种是概念模型,是按照用户的观点进行数据信息建模,主要用于数据库的设计;另一种是数据模型,主要包括层次模型、网状模型、关系模型等,是按照计算机系统的观点对数据建模,主要用于数据库管理系统的设计。图6-1反映了现实世界中客观对象的抽象过程。

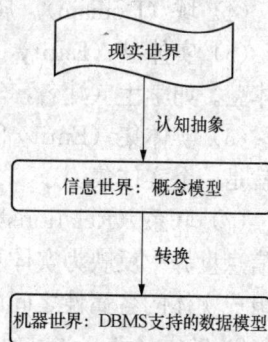

图6-1 现实世界中客观对象的抽象过程

## 6.2.1 数据模型的组成要素

数据模型由数据结构、数据操作和完整性约束三部分组成。

### 1. 数据结构

数据结构是所研究的对象类型的集合,这些对象是数据库的组成部分,包括两类:一类是与数据类型、内容、性质有关的对象,如关系模型中的域、属性、关系等;另一类是与数据之间联系有关的对象。

数据结构是刻画一个数据模型性质最重要的方面。因此,在数据库系统中,通常按照数据结构的类型来命名数据模型,如层次结构、网状结构和关系结构的数据模型分别命名为层次模型、网状模型和关系模型。数据结构是对系统静态特性的描述。

### 2. 数据操作

数据操作提供了对数据库的操纵手段,主要是指对数据库中各种对象的实例进行操作,包括检索和更新两大类。数据模型必须定义这些操作的确切含义、操作符号、操作规则以及实现操作的语言。数据操作是对系统动态特性的描述。

### 3. 完整性约束

完整性约束是一组完整性规则的集合。完整性规则是指在给定的数据模型中,数据及其联系所具有的制约和依存规则,用以保证数据库中数据的正确性、有效性和一致性。

数据模型应反映和规定本数据模型必须遵守的基本的、通用的完整性约束条件;如在关系模型中,任何关系必须满足实体完整性和参照完整性两个约束条件。此外,数据模型还应提供定义完整性约束条件的机制,以反映具体应用所涉及的数据必须遵守的特定的语义约束条件;如在学生成绩管理数据库中规定最高成绩不能超过100分。

## 6.2.2 概念模型

由图6-1可知,概念模型是现实世界到机器世界的一个中间过程,是现实世界到信息世界的第一层抽象,是数据库设计人员和用户之间进行交流的语言。概念模型除应具有较强的语义表达能力,能够方便、直接地表达应用中的各种语义知识,还应该简单、清晰、易于理解。

### 1. 基本概念

概念模型中涉及多个名词术语,主要有:

(1)实体(Entity)。实体是客观存在并可以相互区别的事物或现象。实体可以是具体的人、事、物,也可以是抽象的概念或联系,如一棵树、一栋房屋、一个人、人与房屋的权属关系等。

(2)属性(Attribute)。属性是实体所具有的特性。一个实体可以由若干个属性来描述，如人可以由姓名、性别、民族、籍贯、身高、体重等属性来表述。

（3）关键字（Key）。关键字是唯一地标识出实体集中每个实体的属性或属性组合，也称为键或码，如 ID。

（4）域（Domain）。属性的取值范围称为该属性的域。如"性别"的域为（男、女）。

（5）实体型（Entity Type）。用实体名及其属性名的集合来抽象和刻画同类实体，称为实体型。如学生（姓名，学号，性别，出生年月，系部，入学时间）就是一个实体型。

（6）实体集（Entity Set）。具有相同属性的实体的集合称为实体集。如某学校的全体老师就是一个实体集。

（7）联系（Relationship）。现实世界中，事物内部以及事物之间是有联系的，这些联系在信息世界中反映为实体（型）内部的联系和实体（型）之间的联系。实体内部的联系通常指组成实体的各属性之间的联系；实体之间的联系通常指不同实体集之间的联系。

2. 实体（型）之间的联系

（1）一对一联系（1∶1）。若对于实体集 A 中的每个实体，实体集 B 中至多有一个（也可以没有）实体与之联系，反之亦然，则称实体集 A 与实体集 B 之间具有一对一联系，记为 1∶1，如图 6-2（a）所示。

如一个班级只有一个班长，而一个班长只在一个班级中任职，则班级和班长之间具有 1∶1 联系。

（2）一对多联系（1∶n）。若对于实体集 A 中的每个实体，实体集 B 中有 n 个实体（n≥0）与之联系；反之，对于实体集 B 中的每个实体，实体集 A 中至多只有一个实体与之联系，则称实体集 A 与实体集 B 之间具有一对多联系，记为 1∶n，如图 6-2（b）所示。

如一个班级中有若干名学生，而每个学生只在一个班级中学习，则班级和学生之间具有 1∶n 联系。

（3）多对多联系（m∶n）。若对于实体集 A 中的每个实体，实体集 B 中有 n 个实体（n≥0）与之联系；反之，对于实体集 B 中的每一个实体，实体集 A 中也有 m 个实体（m≥0）与之联系，则称实体集 A 与实体集 B 之间具有多对多联系，记为 m∶n，如图 6-2（c）所示。

如一门课程同时可以有若干个学生选修，而一个学生可以同时选修多门课程，则课程与学生之间具有 m∶n 联系。

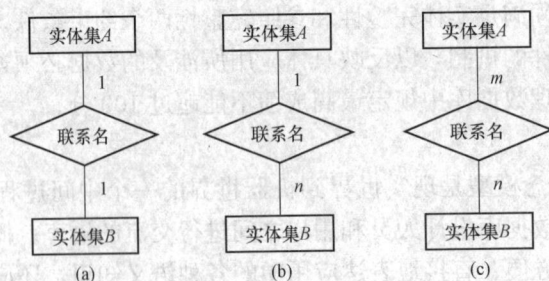

图 6-2　实体（型）之间的三类联系

(a) 1∶1 联系；(b) 1∶n 联系；(c) m∶n 联系

3. E-R 模型

概念模型的表示方法有很多，其中最常用的是美籍华人陈平山于 1976 年提出的实体—联系方法（Entity-Relationship Model），又称为 E-R 图。

E-R 图有三个要素组成：

①实体：用矩形表示实体，矩形内标注实体名称。

②属性：用椭圆表示，椭圆内标注属性名称，并用连线将其与相应的实体连接起来。

③联系：实体之间的联系用菱形表示，菱形内注明联系名称，并用连线将菱形框分别与相关实体相连，同时在连线上注明联系类型（$1:1$、$1:n$ 或 $m:n$）。

下面用 E-R 图来表示某工厂物资管理的概念模型，如图 6-3 所示。

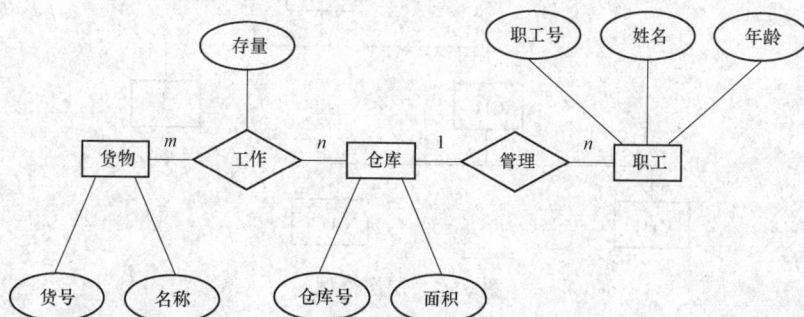

图 6-3　某工厂物资管理 E-R 图

物资管理涉及的实体如下：

仓库：属性有仓库号、面积；

货物：属性有货号、名称；

职工：属性有职工号、姓名、年龄。

实体之间的联系描述如下：

一个仓库可以存放多种货物，一种货物可以存放在多个仓库中，因此货物和仓库之间具有多对多（$m:n$）的联系，用存量来表示某种货物在某个仓库中的数量；

一个仓库有多个职工当保管员，一个职工只能在一个仓库中工作，因此仓库和职工之间具有一对多（$1:n$）的联系。

## 6.2.3　层次模型

层次模型是数据库系统中最早出现的数据模型，层次数据库系统采用层次模型作为数据的组织方式。层次数据库系统的典型代表是 IBM 公司的 IMS（Information Management System），这是 1968 年 IBM 公司推出的第一个大型的商用数据库管理系统，曾得到广泛的使用。

层次模型用树形结构来表示各类实体以及实体之间的联系，形象地表示了现实世界中许多实体间一种很自然的层次关系，如行政机构、家族关系等。

在数据库中定义满足下面两个条件的基本层次联系的集合为层次模型。

（1）有且仅有一个结点但没有父结点，则该结点称为根结点。

（2）根结点以外的其他结点有且只有一个父结点。

在层次模型中，每个结点表示一个记录类型，记录类型之间的联系用结点之间的连线表示，这种联系是父子之间的一对多联系。因此，层次模型只能处理一对多（$1:n$）或一对一（$1:1$）的实体联系。如遇到多对多（$m:n$）的实体联系，需先将其分解成一对多联系。

每个记录类型可以包含若干个字段。记录类型描述的是实体，字段描述的是实体的属性。各个记录类型及字段必须命名，各个记录类型、同一记录类型中各个字段不能同名。各个记录类型可以定义一个排序字段，也称为关键字，如果定义该排序字段的值是唯一的，则它能唯一地标识一个记录值。

在层次模型中，同一父结点的子结点称为兄弟结点，没有子结点的结点称为叶结点，如图 6-4 所示。其中 C1 为根结点；C11 和 C12 为兄弟结点，是 C1 的子结点；C111 和 C112 是兄弟结点，是 C11 的子结点；C12、C111 和 C112 为叶结点。

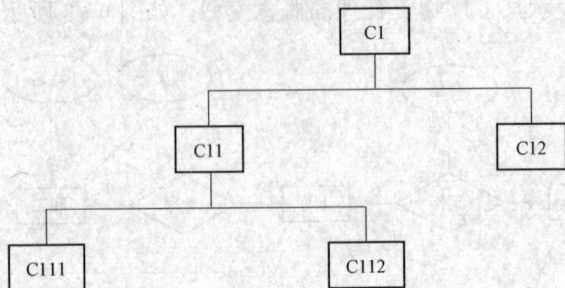

图 6-4　层次模型

层次模型像一棵倒立的树，结点的父结点是唯一的。在层次模型中，任何一个给定的记录值只有按其路径查看才能显示出它的全部意义，没有哪个子结点的记录值可以脱离父结点的记录值而独立存在。

层次模型的优点主要有：

（1）层次模型比较简单。

（2）实体间的联系是固定的。

（3）层次模型提供了良好的完整性支持。

层次模型的缺点主要有：

（1）查询子结点必须通过父结点。

（2）对插入和删除操作的限制较多。

（3）现实世界中很多联系是非层次性的，如多对多联系，一个结点具有多个父结点，层次模型表示这类联系时只能通过引入冗余数据（易产生不一致性）或创建非自然的数据组织（引入虚拟结点）来解决。

### 6.2.4　网状模型

网状模型用网状结构表示实体及其之间的联系，网络中结点之间可以不受层次的限制，任意发生联系，如图 6-5 所示。

网状模型有以下几个特点：

（1）一个子结点可以有两个或多个父结点。

（2）允许一个以上的结点无双亲。

（3）在两个结点之间可以有两种或多种联系。

（4）可能有回路存在。

网状模型的优点：可以描述实体间复杂的关系，能更直接地描述现实世界。

网状模型的缺点：结构复杂；表示数据间联系

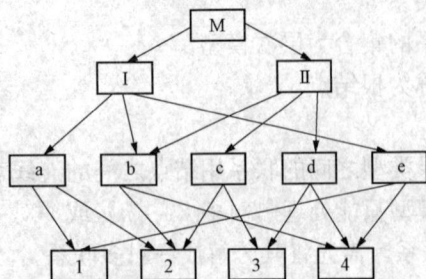

图 6-5　网状模型

的指针极大地增加了数据量；数据库的建立和维护较复杂。

## 6.2.5 关系模型

关系模型由 IBM 公司 San Jose 研究室的研究员 E. F. Codd 于 1970 年首次提出，开创了数据库关系方法和关系数据理论的研究，为数据库技术奠定了理论基础。

1. 关系模型的定义

关系模型是用二维表形式来表示实体及其联系，如图 6-6 所示。表中的每一列对应实体的一个属性，其中给出相应的属性值；每一行形成一个由多种属性组成的记录，或称元组，与一特定的实体相对应。实体间联系和各二维表间的联系采用关系描述或通过关系直接运算建立。

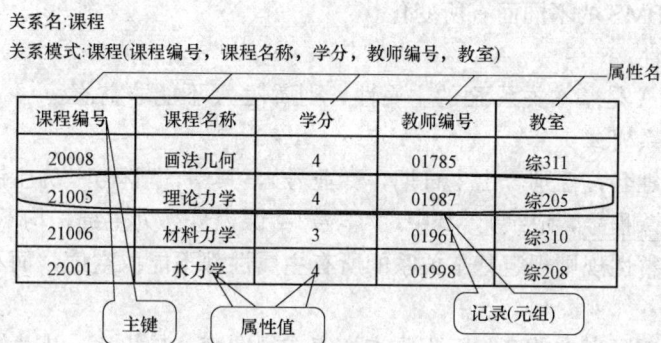

图 6-6 关系模型

关系模型要求关系必须是规范化的，其中最基本的就是，关系的每个分量必须是一个不可分的数据项，即不允许表中有表。

2. 关系模型的几个基本概念

（1）关系（Relation）：一个关系对应一张表。

（2）元组（Tuple）：表中的一行即为一个元组。

（3）属性（Attribute）：表中的一列即为一个属性，每个属性对应一个属性名。

（4）主键（Primary Key）：或称关键字。是表中的某个属性组，可以唯一地确定一个元组。

（5）外键（Foreign Key）：如果关系 R 的某一属性组不是该关系本身的主键，但却是另一关系的主键，则称该属性组是 R 的外键。

（6）域（Domain）：属性的取值范围。

（7）分量：元组的一个属性值。

（8）关系模式：对关系的描述，一般表示为关系名（属性1，属性2，……，属性 n）。

3. 关系操作

关系操作主要有并、交、差、选择、投影、连接等，其中，选择、投影及连接是最基本的关系操作。关系操作的特点是集合操作，即操作对象和结果都是集合。

关系操作通常用关系代数和关系演算来表示。关系代数是用对关系的运算来表达查询要求的方式；关系演算是用谓词来表达查询要求的方式。关系代数和关系演算是抽象的查询语言。

此外，还有一种介于关系代数和关系演算之间的语言 SQL（Structure Query Language）。SQL 除具有丰富的查询功能外，还具有数据定义和数据控制功能，充分体现了关系数据语言的特点和优点，是关系数据库的标准语言。

这些关系数据语言的共同特点是：语言具有完备的表达能力，是非过程化的集合操作语言，功能强，能够嵌入高级语言中使用。

4. 关系模型的完整性约束

关系模型的完整性约束主要有三类：实体完整性、参照完整性及用户定义完整性。关系模型中的查询、插入、删除、修改、更新等常用操作都需要满足这些约束。其中，实体完整性和参照完整性是任何关系模型都必须满足的完整性约束条件，由 DBMS 自动支持；用户定义完整性则随 DBMS 的不同而有所变化。

（1）实体完整性。

规则：若属性 A 是基本关系 R 的主属性，则属性 A 不能取空值。

例如有以下关系模式：

学生（学号，姓名，性别，出生日期，专业号），其中，"学号"为主键，不能取空值；
选课（学号，课程号，成绩），其中，"学号""课程号"为主键，均不能取空值。

注：①实体完整性规则规定基本关系的所有主属性都不能取空值，而不仅是主键整体不能取空值。

②基本关系指实际存在的表，而不是查询表或视图表（导出表、虚表）。

（2）参照完整性。实体完整性是为了保证关系中主键属性值的正确性，而参照完整性是为了保证关系之间能够进行正确的联系。关系间能否进行正确的联系，外键起着重要作用。

规则：若属性（属性组）F 是基本关系 R 的外键，它与基本关系 S 的主键 $K_S$ 相对应（R 和 S 不一定是不同的关系），则对于 R 中每个元组在 F 上的值必须为：或者取空值（F 中的每个属性值均为空值）；或者等于 S 中某个元组的主键值。

参照完整性规则就是定义外键和主键之间的引用规则。关系 R 的外键必须是另一个关系 S 的主键的有效值，或者是空值。

例如有以下关系模式：

学生（学号，姓名，性别，出生日期，课程号，成绩）

课程（课程号，课程名，学分）

这两个关系间存在属性的引用，即学生关系引用了课程关系的主键"课程号"。因此，学生关系中"课程号"的属性值必须是实际存在的课程的课程号，即课程关系中有该课程的记录。也即是说，学生关系中某个属性的取值需要参照课程关系的属性取值。因此，学生关系中每条记录的"课程号"的属性值或者为空（该学生还未选修任何课程），或者为课程关系中某条记录"课程号"的值。

（3）用户定义完整性。用户定义完整性是针对某一具体数据库的约束条件。它反映某一具体应用所涉及的数据必须满足的语义要求，如某个属性必须取唯一值、某些属性之间应满足一定的函数关系、某个属性的取值范围在 0～150 之间等。关系模型应提供定义和检验这类完整性约束的机制。

关系模型中应遵循以下条件：

1）二维表中同一列的属性类型是相同的；

2）二维表中各列属性名不同；

3）二维表中各列的次序是无关紧要的；

4）没有相同内容的元组，即无重复记录；

5）元组在二维表中的次序是无关紧要的。

关系模型的优点是：

1）结构灵活，可满足所有用布尔逻辑运算和数字运算规则形成的询问要求；

2）能搜索、组合和比较不同类型的数据；

3）插入和删除数据方便；

4）适宜地理属性数据的模型。

关系模型的缺点是：许多操作都要求在文件中顺序查找满足特定关系的数据，若数据库很大的话，这一查找过程要花很多时间。

# 任务三　关系数据库

关系数据库系统是目前使用最广泛的数据库系统。20 世纪 70 年代以后开发的数据库管理系统产品几乎都是基于关系模型的。目前主流的商用关系数据库系统软件主要有 Microsoft Office Access、SQL Server、Oracle、DB2 等，可适用于大、中、小型企业和部门。本书主要以 Microsoft Office Access 为例，介绍数据库的建立方法。

## 6.3.1　Microsoft Office Access 简介

Microsoft Office Access 是由微软发布的关系数据库管理系统。它结合了 Microsoft Jet Database Engine 和图形用户界面两项特点，是 Microsoft Office 的系统程序之一。

Microsoft Office Access 专为个人计算机应用小型数据库而开发，已在小型企业、公司部门等领域得到广泛应用。

Access 的用途体现在两个方面：

（1）进行数据分析：Access 具有强大的数据处理、统计分析能力，可以方便地进行各类汇总、平均等统计分析，并可灵活设置统计分析条件。例如，在统计分析数万条以上的记录数据时速度快且操作方便，这一点 Excel 无法与之相提并论。

（2）开发数据库管理系统软件：相比 VB、VC 等高级编程语言，Access 简单易学，可以用来开发如生产管理、销售管理、库存管理等各类小型数据库管理系统软件。

Access 数据库中共有七大主要对象：

1）表：用于存储数据。

2）查询：在具有对应关系的不同表中，给定条件查找出符合条件的记录，并且可以对查询出的数据进行修改、删除等操作。

3）窗体：应用程序界面，可以进行数据的显示、新建、修改、打印等输入输出操作。窗体中的不同控件可以执行特定的宏或 VBA 程序。

4）报表：主要用于打印输出。

5）页：是一种特殊类型的网页，其主要用途是用来查询及处理来自网络的数据。

6）宏：宏将某些一连串的动作自动化处理，而不需要另行编制程序语言去实现相同的功能。

7）模块：系统开发者使用，利用 VBA 语言所编写的程序代码。

## 6.3.2　Access 数据表的设计要素

1. 字段类型和大小

字段类型是指在字段中存储数据的类型，字段大小是指字段中存储数据的字符个数或字节数。

（1）文本型。文本型字段可以存放字母、汉字、符号、数字等，如学号、姓名、单位、地址、电话等。文本型字段的主要属性为"字段大小"，长度一般为 1～255，默认为 50。Access 数据库采用了 Unicode 字符集，一个汉字、一个字母均为一个字符，占一个位置大小。

（2）数字型。数字型字段主要存放用于数学计算的数值数据。数字型字段又分为字节、整型、长整型、单精度型和双精度型等类型，默认大小为长整型。

（3）日期/时间型。日期/时间型字段可以表示从 100～9999 年的日期和时间值，长度为 8 个字节。

（4）备注型。文本型字段最多存放 255 个字符，若字段属性内容超过 255 个字符，可以使用备注型数据类型。备注型字段最多可以存放 65535 个字符，如简历字段就可以设定为备注型。

（5）OLE 对象。Access 数据库提供了 OLE 对象数据类型，用以支持如文档、图形、声音或其他二进制类型的数据。OLE 字段数据大小仅受可用磁盘空间限制。

（6）超链接。设定为超链接类型的字段存放数据的超链接地址，以文本形式存储。超链接地址指向对象、文档或 Web 页面等目标的路径，可以是网站地址，也可以是局域网中文件的地址，还可以包含更具体的地址信息，如 Word 书签或 Excel 单元格范围。在超链接字段中直接输入文本或数字，Access 数据库会把输入的内容作为超链接地址。

（7）货币型。用于存放金额类数据。

（8）是/否型。用于存放逻辑型数据。

（9）自动编号型。新增记录时，该字段自动递增生成一个编号，用来标识字段值的唯一性。

（10）查阅向导型。允许在输入该类型字段数据时，可从多个选项中进行选择输入，以提高输入效率。

2. 字段属性

每个字段都有自己的一组属性，这些属性说明了该字段在数据库中的性质。下面对几个常用属性进行说明。

（1）标题。标题属性是指当字段显示在数据表视图中列标头上显示的名称。一般不用特别指定字段标题，该属性为空时，数据表视图中显示的标题即是该字段名。

（2）默认值。指当向表中插入新记录时，该字段的默认取值。设置默认值的目的是减少输入量，提高输入效率。

（3）有效性规则和有效性文本。有效性规则用于限定输入到当前字段中的数据必须满足一定的条件，以保证数据的正确性。有效性文本是当输入的数据不满足有效性规则时系统提示的信息。

表也有有效性规则，表的有效性规则可以对多个字段间的关系进行规则检验。

（4）必填字段。用于限制该字段是否必须输入一个值。通常，主键字段不允许为空值。

3. 主键和索引

（1）主键。如果表中一个或多个字段的组合可以唯一地标识表中的每一条记录，则可将此字段或字段组合设置为表的主键。如学生表中的"学号"字段即可定义为主键。

（2）索引。当记录数量较大时，可以利用索引进行查找或排序，提高处理速度。若经常需要对某个字段进行查找和排序，则最好将此字段设置为索引字段。

索引类型分无、有（有重复）、有（无重复）三种。默认值为无，表示不创建索引；有（有重复）表示有索引，但允许字段值重复；有（无重复）表示有索引，但不允许字段值重复。

设置字段为主键后，系统会自动为该主键字段创建索引，索引类型为无重复的唯一索引，也称为主索引。因此，对主键不应该重复设置索引。

## 6.3.3 Access 数据库的建立

建立 Access 数据库之前，需要进行数据库设计。数据库设计阶段要解决数据库中有多少个数据表、各个表中要设置哪些字段、每个字段的属性如何、表之间的关系如何等问题。以上问题可以由概念模型阶段设计的 E－R 图来回答，本节不做探讨。以下仅对 Access 数据库及表的建立方法进行介绍。

1. 建立数据库

选择"文件"菜单下的"新建"命令，可以新建一个扩展名为 .mdb 的空数据库，如图 6-7 所示。

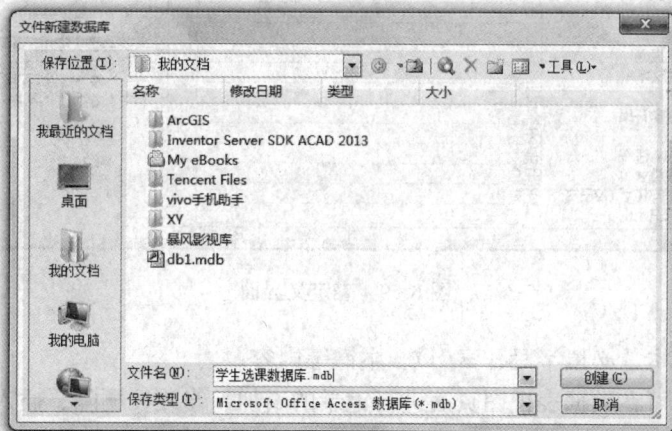

图 6-7　数据库建立方法

2. 建立数据表

Access 提供了三种创建表的方法：使用设计器创建表、使用向导创建表和通过输入数据创建表。其中，"使用设计器创建表"因具有极大的灵活性而被广泛采用。下面主要介绍"使用设计器创建表"方法。如图 6-8 所示，双击"使用设计器创建表"，进入表定义界面，如图 6-9 所示。

在表定义界面可以定义字段名、数据类型、字段属性（字段大小、标题、默认值、有效

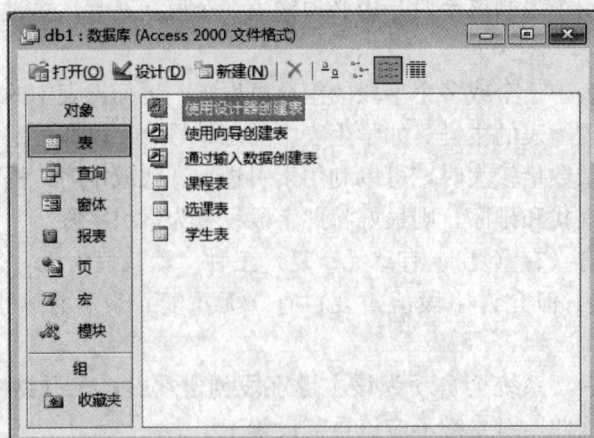

图 6-8　使用设计器创建表

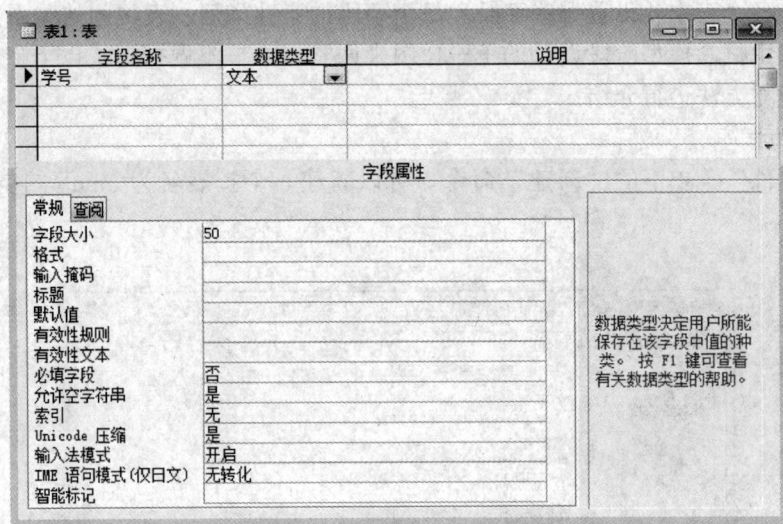

图 6-9　表定义界面

性规则、有效性文本、必填字段、索引）、主键等内容。

表定义好后即可在数据表视图页面进行记录的增加、修改、删除、插入等操作。

3. 建立数据表之间的关联

数据库中各数据表之间并不是独立的，表与表之间存在着联系。如学生表和选课表之间存在一对多的联系，课程表和选课表之间也存在一对多的联系。建立表与表之间的联系不仅可以确定数据库的参照完整性，还为数据表之间的查询等操作奠定了基础。

选择"工具"菜单中的"关系"命令，添加要建立关系的表格。通过鼠标拖拉，将学生表中的"学号"与选课表中的"学号"进行关联，课程表中的"课程号"与选课表中的"课程号"进行关联，如图 6-10 所示。建立关联的过程中，可以在"编辑关系"窗口进行参照完整性设置，设置连接类型等，如图 6-11 所示。编辑好的关系如图 6-12 所示。

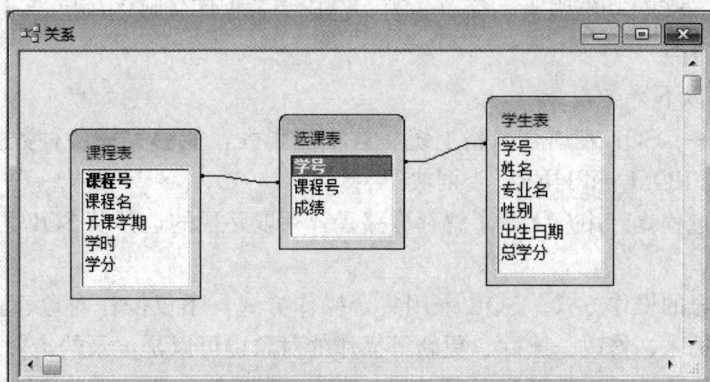

图 6-10 建立表间关系

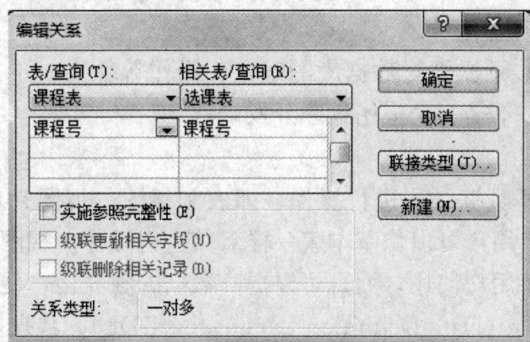

图 6-11 编辑关系

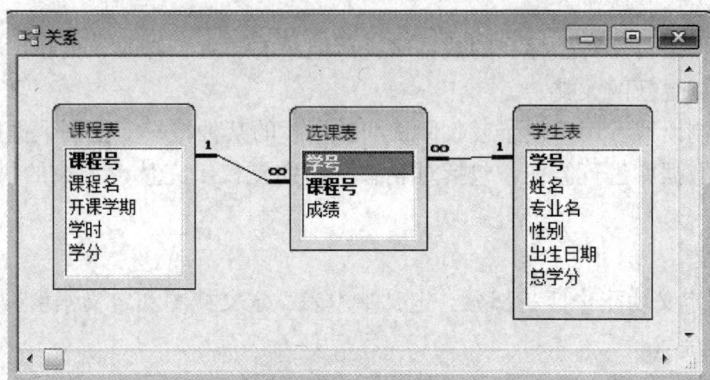

图 6-12 学生选课数据库表间联系

# 任务四 结构化查询语言 SQL

SQL（Structured Query Language，SQL）是一种关系数据库语言，介于关系代数和关系演算之间，其主要功能包括数据定义、数据操纵、数据控制等，其中数据操纵又分为数据查询和数据更新。SQL功能强大、简单易学，已成为数据库领域的国际标准。

## 6.4.1 SQL 的特点

SQL主要有以下特点：

（1）综合统一。SQL在语言风格上统一且功能强大，能够完成各种数据库操作，如典型的 SELECT—FROM—WHERE 查询块。

（2）高度非过程化。用户无需了解存取路径，存取路径的选择及SQL语句的操作过程，由系统自动完成。

（3）面向集合的操作方式。SQL采用集合操作方式，不仅操作对象、查找结果可以是记录的集合，且插入、修改、删除、更新等操作的对象也可以是记录的集合。

（4）同一种语法结构提供两种使用方式。SQL既是自含式语言，又是嵌入式语言。作为自含式语言，可以独立地交互使用；作为嵌入式语言，主要是嵌入到其他高级语言中，供程序员使用。

（5）格式简单，易学易用。

值得注意的是，SQL只提供对数据库的定义、操作等能力，不能完成屏幕控制、菜单管理、报表生成等功能，不是一个应用程序开发语言。

## 6.4.2 SQL 的组成

SQL可以对两种基本数据结构进行操作，即表和视图。视图是由不同数据库中满足一定条件约束的数据组成，用户可以像基本表一样对其进行操作。视图呈现给用户的是数据的部分内容，这样不但便于用户使用，而且可以提高数据的独立性，便于数据的安全保密。

SQL由数据定义语言（Data Definition Language，DDL）、数据操纵语言（Data Manipulation Language，DML）和数据控制语言（Data Control Language，DCL）组成。

（1）数据定义语言。用于创建、修改、删除数据库中的各种对象，包括数据库、表、视图、索引等。

（2）数据操作语言。对已存在的数据库进行记录的插入、修改、更新、删除等操作，分为数据查询和数据更新两大类。

（3）数据控制语言。用于授予或收回访问数据库的某种特权，控制数据操作事务的发生时间及效果，对数据库进行监视，包括对表和视图的授权、完整性约束的描述、并发控制、事务控制等。

## 6.4.3 数据定义

SQL的数据定义功能包括三部分：定义基本表、定义视图和定义索引。

### 1. 定义基本表

定义基本表即是创建一个基本表，对表名及表中所包含的字段、数据类型、大小、约束等属性做出规定。不同的数据库系统支持的数据类型不同，但大同小异。以下给出 Microsoft Access 数据库管理系统中提供的常用数据类型。

CHAR（n）、TEXT（n）：字符串型，长度为n个中文汉字或英文字母；

SMALLINT、INT、REAL、NUMERIC：数字型，分别为短整型、整型、单精度型、双精度型；

DATE、DATETIME：日期/时间型；

BIT：逻辑型，是/否。

使用 SQL 定义基本表的语法格式如下：

CREATE TABLE ＜表名＞

（＜列名＞＜数据类型＞［大小］［列级完整性约束条件］

［，＜列名＞＜数据类型＞［大小］［列级完整性约束条件］］…

［，＜表级完整性约束条件＞］）；

例如，创建一个学生表和选课表（在已打开的数据库中创建）。

CREATE TABLE 学生表

      （学号 CHAR(12) Primary Key，

      姓名 CHAR(8) NOT NULL，

      性别 CHAR(2)，

      专业 CHAR(20)，

      出生日期 DATE，

      家庭地址 CHAR（50））；

CREATE TABLE 选课表

      （学号 CHAR(12)，

      课程号 CHAR(6)，

      课程名 CHAR(20)，

      成绩 SMALLINT，

      Constraint Group Primary Key（学号，课程号））；

Primary Key 表示学生表中的"学号"字段为主键；Constraint Group Primary Key（学号，课程号））表示属性组（学号、课程号）是主键字段组。注意，主键只能设置一次，当表中有两个字段需被同时定义为主键时，必须用 Constraint 命令。

2. 修改基本表

使用 SQL 修改基本表的语法格式如下：

ALTER TABLE 〈表名〉

   ［ADD（〈新列名〉〈数据类型〉［大小］［列级完整性约束条件］

   ［，…n］)]

   ［DROP〈完整性约束名〉］

   ［MODIFY（〈列名〉〈数据类型〉［大小］［，…n］)]；

ADD：增加一个新列和该列的完整性约束条件；

DROP：删除指定的完整性约束条件；

MODIFY：修改原有列的定义。

例如，以下三条语句分别表示往学生表中增加一个列名为"备注"，数据类型为字符串，长度为 100 的新列；修改学生表中"家庭地址"列，将其修改为字符串型，长度为 60；删除学生表中的"备注"列。

ALTER TABLE 学生表 ADD 备注 CHAR(100)；

ALTER TABLE 学生表 ALTER COLUMN 家庭地址 CHAR(60)；

ALTER TABLE 学生表 DROP 备注；

3. 删除基本表

使用 SQL 删除基本表的语法格式如下：

DROP TABLE 〈表名〉；

例如，删除学生表。

DROP　TABLE 学生表；

4. 创建索引

索引是对表中一个或多个字段的值进行排序，可以利用索引快速访问表中信息。为提高数据搜索速度，可根据应用环境的需要为一个基本表建立若干索引。通常，索引的建立和删除由数据库管理员或创建表的人负责。

使用 SQL 创建索引的语法格式如下：

CREATE［UNIQUE］［CLUSTER］INDEX ＜索引名＞

　　　　ON ＜表名＞（＜列名＞［＜次序＞］［，＜列名＞［＜次序＞］］…）；

UNIQUE：指该索引的每一个索引值只对应一条唯一的记录。

CLUSTER：表示要创建的索引是聚簇索引。聚簇索引是指索引项的顺序与表中记录的物理顺序一致，在一个基本表上只能建立一个聚簇索引。

次序：指定索引是按 ASC（升序）还是按 DESC（降序）排列，默认为 ASC。

例如，为学生表建立一个按学号升序排列的索引，名为 XSXH。

CREATE　INDEX　XSXH　ON　学生表（学号 ASC）；

使用索引时需注意以下几个问题：

（1）改变表中的数据时，如增加或删除记录，索引将自动更新。

（2）索引建立后，当查询使用索引列时，系统将自动使用索引进行查询。

（3）可以为表建立任意多个索引，但索引越多，数据更新速度越慢。因此，对于经常被用于查询的表而言，可以为其建立多个索引；而对于经常进行数据更新的表而言，应少建立索引，以提高速度。

5. 删除索引

创建索引的目的是为了提高搜索速度，但随着索引的增多，数据更新时系统会花费大量的时间来维护索引。因此，应及时删除不必要的索引。

使用 SQL 删除索引的语法格式如下：

DROP　INDEX ＜索引名＞；

例如，删除学生表中名为 XSXH 的索引。

DROP　INDEX　XSXH　ON 学生表；

## 6.4.4　数据查询

SQL 数据查询的基本形式是 SELECT—FROM—WHERE 查询块，多个查询块可以嵌套。SELECT 命令是 SQL 最具特色的核心语句。

1. SELECT 语句的格式

SELECT 语句的基本格式如下：

SELECT［ALL|　DISTINCT］＜目标列表达式＞［，＜目标列表达式＞］…

FROM＜表名或视图名＞［，表名或视图名］…

［WHERE ＜条件表达式＞］

[GROUP BY ＜列名 1＞ ［HAVING＜条件表达式＞]]

[ORDER BY＜列名 2＞ ［ASC｜DESC]]；

（1）命令含义。

SELECT：根据 SELECT 子句指定的目标列表达式，选出表中满足条件的记录，结果形成查询表。

FROM：从 FROM 子句指定的基本表或视图中，根据 WHERE 子句的条件表达式查找出满足条件的记录。

GROUP BY：将结果按"列名 1"的值进行分组，该属性列值相等的记录为一组；如果 GROUP BY 子句带有短语 HAVING，则只有满足短语指定条件的分组才会输出。

ORDER BY：将结果按"列名 2"的值进行升序或降序排列。

ALL：表示输出所有记录。

DISTINCT：若结果集中有相同记录，则只输出一次。

（2）目标列表达式。目标列表达式可以是"列名 1，列名 2，…"的形式；如果 FROM 子句指定了多个表，则列名应该表示为"表名．列名"的形式。

列表达式可以使用 SQL 提供的库函数，如：

SUM(列名)：计算某一数值型列的值的总和；

AVG(列名)：计算某一数值型列的值的平均值；

MAX(列名)：计算某一数值型列的值的最大值；

MIN(列名)：计算某一数值型列的值的最小值；

COUNT( ＊)：统计记录条数；

COUNT(列名)：统计一列值的个数。

SELECT 语句既可以完成简单的单表查询，也可以完成复杂的连接查询和嵌套查询。

2. 单表查询

（1）查询所有学生的全部信息。

SELECT ＊

　　　　FROM 学生表；

该示例中不含 WHERE 条件表达式，表明查询所有学生的基本信息。

（2）查询所学专业为测绘地理信息技术的所有学生姓名、班级、出生日期和家庭地址。

SELECT 姓名，班级，出生日期，家庭地址

FROM 学生表

WHERE 专业名＝'测绘地理信息技术'；

（3）查询学生表中各个学生的姓名、专业名和总学分。

SELECT 姓名，专业名，总学分

FROM XS；

（4）查询学生表的学生总人数。

SELECT COUNT( ＊)

FROM 学生表；

（5）查询年龄在 19～22 岁之间的学生姓名、性别、专业名。

SELECT 姓名，性别，专业名

FROM 学生表

WHERE 年龄 BETWEEN 19 AND 22;

（6）查询所有学号以 2012 开头的学生的详细信息。

SELECT ＊

FROM 学生表

WHERE 学号 LIKE '2012％';

注：Access 中以"＊"代替"％"。

（7）查询缺少成绩的学生的学号和课程号。

SELECT 学号，课程号

FROM 选课表

WHERE 成绩 IS NULL;

（8）查询测绘地理信息技术专业且籍贯为昆明的学生学号，姓名。

SELECT 学号，姓名

FROM 学生表

WHERE 专业名＝'测绘地理信息技术' AND 籍贯＝'昆明';

（9）查询选修了空间数据库技术应用课程的学生学号及成绩，结果按成绩以降序排列。

SELECT 学号，成绩

FROM 选课表

WHERE 课程名＝'空间数据库技术应用';

ORDER BY 成绩 DESC;

（10）查询选修了课程的学生人数。

SELECT COUNT（DISTINCT 学号）

FROM 选课表;

DISTINCT 的作用是避免重复计算学生人数。

其他涉及 MAX、MIN、AVG、GROUP、HAVING 等命令的查询不再举例，可参照以上示例举一反三。

3. 连接查询

若查询涉及两个或两个以上的基本表，则需要进行连接查询。连接查询只需在 FROM 子句中指出要连接的表的名称，并在 WHERE 子句中指定查询条件即可。

（1）查找所有选修了课程的学生姓名及专业名。

SELECT DISTINCT 姓名，专业名

FROM 学生表，选课表

WHERE 学生表．学号＝选课表．学号;

（2）查找李小多所选课程的课程名和成绩。

SELECT '李小多所选课程:'，课程名，成绩

FROM 学生表，课程表，选课表

WHERE 学生表．姓名 ＝'李小多'

　　　　AND 选课表．课程号＝课程表．课程号

　　　　AND 学生表．学号＝选课表．学号;

该查询涉及三个基本表之间的连接运算，用户只需用外键指定连接条件即可。SELECT子句中允许出现字符串常量，如"李小多所选课程："起到提示作用，方便查询结果阅读。

4. 嵌套查询

嵌套查询是指在 SELECT-FROM-WHERE 查询块内嵌入一个或多个查询块。

例如，找出选修空间数据库技术应用课程的学生及专业。

SELECT 姓名，专业名

FROM 学生表

WHERE 学号 IN（SELECT 学号

           FROM 选课表

           WHERE 课程号 IN（SELECT 课程号

           FROM 课程表

           WHERE 课程名＝'空间数据库技术应用'））；

该查询在最外层查询体内又嵌套了两层查询。嵌套查询执行时是自下而上进行的，即外层用到内层查询的结果。

在嵌套查询中经常用到谓词 IN。此外，许多嵌套查询可以转换成连接查询，但并非所有的嵌套查询都可以用连接查询代替。

## 6.4.5 数据更新

SQL 语言的数据更新操作包括插入、修改和删除。

1. 插入数据

插入语句的基本格式如下：

INSERT INTO ＜表名＞ ［＜属性列 1＞ ［，＜属性列 2＞…］］

VALUES （＜常量 1＞ ［，＜常量 2＞…］）；

该命令是将新记录插入到指定的表中。若属性列省略，则是往表中所有字段中插入数据。

例如，向学生表中插入一条记录。

INSERT INTO 学生

VALUES （'2014089'，'李力'，'男'，22，'测绘地理信息技术'）；

此外，SQL 允许向表中插入部分字段内容。

例如，向课程表中插入一条记录的部分字段。

INSERT INTO 课程（课程号，课程名称）

VALUES （'0126'，'空间数据库技术应用'）；

2. 修改数据

修改数据的基本格式如下：

UPDATE ＜表名＞

SET ＜列名 1＞＝＜表达式＞ ［，＜列名 2＞＝＜表达式＞］…

［WHERE＜条件＞］；

该命令用于修改表中满足 WHERE 查询条件的记录内容，SET 用于将新值赋予某个字段以替代旧值。

例如，将课程表中"数据库原理"改为"空间数据库技术应用"。

UPDATE 课程

SET 课程名 ="空间数据库技术应用"

WHERE 课程名 ="数据库原理";

若无 WHERE 子句，则表示修改所有记录的值。

例如，将所有课程的学分字段值减 1。

UPDATE 课程

SET 学分 = 学分-1；

3. 删除数据

删除数据的基本格式如下：

DELETE

FROM <表名>

[WHERE<条件>];

用于删除表中满足条件的记录；若省略 WHERE 子句，则表示删除表中所有记录，只保留表的结构。

例如，根据教学计划调整，删除"大学语文"课程。

DELETE

   FROM 课程

   WHERE 课程名 = '大学语文'；

### 6.4.6 数据控制

通过对数据库各种权限的授予或回收来管理数据库系统称为数据控制，包括事务管理和数据保护，即数据库的恢复、并发控制、数据库完整性和安全性等。下面仅以授权和回收权限为例进行简单介绍。

1. 授权

授权语句的格式如下：

GRANT <权限> [，<权限>] …

[ON <对象类型><对象名>]

TO <用户> [，<用户>] …

[WITH GRANT OPTION];

用于将作用在指定操作对象上的操作权限授予指定用户。对象类型可以是表、视图等；接受权限的用户可以是一个或多个具体的用户，也可以是 PUBLIC，即全体用户。若指定了 WITH GRANT OPTION 子句，则获得某种权限的用户还可以将这种权限再授予其他用户；反之，只能使用权限。

例如，将查询课程表中数据的权限授予所有用户。

GRANT SELECT

ON TABLE 课程

TO PUBLIC；

2. 回收权限

回收权限的格式如下：

REVOKE <权限> [，<权限>] …

［ON ＜对象类型＞＜对象名＞]

FROM ＜用户＞［，＜用户＞]…;

此命令的功能是将授予用户的权限回收。当涉及多个用户权限时，收回上级用户权限的同时也收回其对应的所有下级用户权限。

例如，回收用户 ZHANGSAN 和 LISI 对学生表的更新权限。

REVOKE UPDATE

ON TABLE 学生

FROM ZHANGSAN，LISI;

# 任务五 空间数据库

GIS 作为一种采集、存储、管理、处理、分析、建模、显示和应用空间地理信息的计算机系统，在国土资源、城乡规划、交通管理等多个领域正在发挥着日益重要的作用。据统计，80％的行业和部门所涉及的信息均与空间位置有关，因此必须对这些海量信息进行有效的管理。但空间数据具有特殊性，除具有普通要素的属性特征外，还具有与坐标数据有关的空间位置特征，若直接利用传统的关系数据库管理系统存储和管理空间数据，则会存在以下问题：

(1) 关系数据库系统管理的是不连续的、相关性较小的数字或字符；但空间数据具有连续性，且有很强的空间相关性。

(2) 关系数据库不能管理复杂的空间实体和实体间的空间关系。

(3) 关系数据库中存储的一般是等长记录的数据，而空间实体的位置信息是由变长的坐标数据表示，具有变长记录。

(4) 关系数据库只支持文字、数字等信息的操作和查询，不支持复杂空间数据的查询和分析。

为解决以上问题，在关系数据库的基础上发展形成了空间数据库。

## 6.5.1 空间数据库

空间数据库是以描述地理实体的空间位置和拓扑关系，以及属性特征为对象的数据库系统。具有以下特点：

(1) 存储和管理海量数据的能力。空间数据库面向的是整个地理空间，可以存储和管理海量的地理空间数据，避免了由于数据量巨大而引起的"杂乱无章"。

(2) 支持复杂数据类型。空间数据库除支持传统关系数据库所支持的文本、日期、数字等数据类型外，还支持所有与地理相关的数据类型，如点、线、面等。

(3) 支持空间查询和空间分析。空间数据库存储地理实体之间的拓扑关系，支持空间查询和空间分析。

(4) 图形数据和属性数据联合管理。空间数据库将图形数据和属性数据存储在同一位置，实行联合管理，以保证数据的完整性、一致性。

(5) 数据应用范围广泛。可应用在资源开发、环境保护、土地利用与规划、生态环境、智能交通等需要空间数据支持的行业领域。

### 6.5.2 空间数据模型

空间数据模型是建立在对地理空间的充分认识与完整抽象的基础上，采用地理空间认知模型（或概念模型），利用计算机能够识别和处理的形式化语言来定义和描述现实世界的地理实体及其相互关系，是现实世界到计算机世界的直接映射。空间数据模型为描述空间数据组织和设计空间数据库提供基本方法，是 GIS 空间数据建模的基础。

空间数据模型的发展与数据库技术的发展紧密相关。第一代层次与网状数据库和第二代关系数据库分别带动了 GIS 层次数据模型、网络数据模型和关系数据模型的发展和成熟。当面向对象的数据模型技术成为第三代数据库系统的主要标志后，新的 GIS 面向对象数据模型也应运而生。

**1. 面向对象的基本思想**

面向对象是模拟人类认识客观世界的方式，将现实世界的一切事物或现象（或称为实体）模型化为对象或对象的集合来表达。实体的静态特征（可以用数据来表达的特征）用对象的属性来表示；实体的动态特征（事物的行为）用对象的方法来表示。

**2. 面向对象方法中的几个基本概念**

（1）对象。对象是现实世界中实际存在的实体，是构成系统的基本单位。一个对象由一组属性和对这组属性进行操作的方法构成。属性用来描述对象的静态特征，方法用来描述对象的动态特征。每个对象都有一个标识号（ID）来唯一标识。

（2）类。类是具有相同属性和方法的一组对象的集合，它为属于该类的全部对象提供了统一的抽象描述，其内部包括属性和方法两个主要部分。类给出了属于该类的全部对象的抽象定义，而对象则是符合这种定义的一个实例。

如每条河流均具有名称、长度、流域面积等属性以及查询、计算长度、求流域面积等操作方法，因此可以抽象为河流类。

（3）继承。一类对象可继承另一类对象的特性和能力。子类继承父类的共性，继承不仅可以把父类的特征传递给中间类，还可以向下传递给中间类的子类。例如，建筑物类具有业主、地址、建筑时间等属性及显示、删除等（操作）方法，而酒店也属于建筑物，也具有以上属性和方法；因此，建筑物类是酒店类的父类，酒店类是建筑物类的子类；若在建筑物类中定义了以上属性和方法，则酒店类会自动继承这些属性和方法，不需要重新定义。

**3. 面向对象数据模型的概念**

面向对象的数据模型即是用面向对象的方法所建立的数据模型，包括数据模式、建立在模式上的操作和建立在模式上的约束。

（1）数据模式（数据结构）：对象与类结构。

（2）模式上的操作（数据操作）：用对象与类中的方法来构建模式上的操作，这种操作语义范围比传统数据模型要更具优势。如，构建一个矩形类，其操作除包括查询、增加、删除、修改外，还可以包括放大、缩小、平移、拼接等。因此，面向对象的数据模型比传统的数据模型功能更强。

（3）模式约束（数据约束）：与关系模型等传统的数据模型相同，模式约束包括实体完整性、参照完整性和用户定义完整性。

在面向对象的数据模型中，可以采用面向对象中的对象、方法和继承等概念来表示以上3个组成部分。如，汽车类具有车窗、车门、方向盘、座椅等属性特征和行驶、刹车、停止、启动等方法，是小汽车类、公共汽车类、大卡车类的父类，其属性和方法均可以被小汽车类、公共汽车类、大卡车类所继承。

4. Geodatabase 数据模型

Geodatabase 是 ArcInfo 8 推出的一种面向对象的数据模型，其目的在于使 GIS 数据集中的特征统一化、智能化。统一化是指 Geodatabase 能在一个统一的模型框架下对地理空间要素进行统一的描述；智能化是指在 Geodatabase 中，对空间要素的描述和表达较之前的空间数据模型更接近于现实世界，更能清晰、准确地反映现实世界空间对象的信息，如建筑物、树、路灯、道路等。Geodatabase 为创建和操作不同应用的数据模型提供了一个统一的、强大的平台，在该模型的基础上，用户可以定义诸如选址模型、水土流失模型、交通规划模型等应用模型。

Geodatabase 采用层次结构来组织地理数据，这些数据包括对象类、要素类和要素数据集。对象类、要素类和要素数据集是 Geodatabase 中的基本组成项。

(1) 对象类：存储非空间数据的表格。

(2) 要素类：具有相同几何类型和属性的要素的集合，即同类空间要素的集合，如河流、道路、景区等。要素类之间可以独立存在，也可以具有某种联系。当不同要素类之间存在某种联系时，应将它们组织到一个要素数据集中。

(3) 要素数据集：是共享空间参考系统并具有某种联系的多个要素类的集合。

应用 Geodatabase 数据模型的优点有以下几点：

(1) 空间数据统一存储。可以在同一个数据库中统一管理各种类型的空间数据。

(2) 空间数据的输入和编辑更加精确。大多数错误可以通过智能化的拓扑错误检查加以避免。

(3) 空间数据面向实际的应用领域。用户操作的不再是普通意义上的点、线、面，而是实际存在的路灯、道路、湖泊等。

(4) 可以表达空间数据之间的相互关系。

(5) 可以制作更加优质的地图。在 ArcMap 中，用户可以更深入地控制要素的绘制方式，也可以通过编写代码，增加自动化的绘图方法。

(6) 动态地显示地图上的要素。当地图上的某个要素发生变化时，其相邻要素也会做出相应的反应。

(7) 可以管理连续的空间数据，无需进行分幅、分块。

(8) 支持空间数据的版本管理和多用户并发操作。

Geodatabase 包含 4 种地理数据表示方式：

(1) 用矢量数据表示特征。

(2) 用栅格数据表示影像、格网化数据。

(3) 用不规则三角网（TIN）表示表面。

(4) 用定位器（locator）查找地址。

Geodatabase 可以在商用关系数据库中存储所有这几种地理数据表示方式。这意味着地理信息可以由专业人员集中管理，而数据库技术的发展成果也可以被 ArcInfo 所利用。

### 6.5.3 空间数据管理模式

空间数据管理历经文件－关系数据库管理模式、全关系数据库管理模式、对象－关系数据库管理模式以及面向对象的数据库管理模式等 4 个阶段。由于空间数据具有变长记录、对象嵌套、信息继承和传播、拓扑数据结构等问题，前两种管理模式不能满足应用需求，在使用上受到较大限制。

对象－关系数据库管理模式是在传统关系数据库管理系统之上进行扩展使之能统一管理图形数据和属性数据。由于数据库开发商提供了对非结构化图形数据管理的扩展，采用对象－关系数据库管理模式的空间数据库系统支持数据的安全性、一致性、完整性和并发控制以及数据损坏后的恢复等基本功能，支持海量数据管理，是目前大型 GIS 系统常用的数据管理方式。

面向对象的数据库管理模式支持变长记录、对象嵌套、属性和方法的继承，允许用户定义对象和对象的数据结构（包括拓扑数据结构）及其操作等，成为目前和对象－关系数据库管理模式并驾齐驱的空间数据管理新模式。

### 6.5.4 空间数据库的发展趋势

空间数据库的发展必须要与应用相结合，提升其简单易操作性。下面给出几个具有代表性的发展方向。

1. 空间数据管理与 XML 数据库

1999 年，开放式地理信息系统协会（OGC）提出了 GML（Geography Markup Language）的概念。GML 基于 XML（Extensible Mark Language），是一种地理标记语言，可用于地理空间信息的编码、传输和存储。随着 GIS 的广泛应用，GML 在其中也发挥着越来越重要的作用，并已成为业内事实上的标准。

目前，GML 数据主要以文档格式来存储，适用于地理信息数据的表示和交换。随着 GIS 应用的日益复杂和 Internet、Web Service 的迅速发展，文档格式的 GML 数据管理逐渐不能满足用户的需求。XML 数据库的成熟与发展将为 GML 数据的管理提供一种全新的存储和管理方案，成为地理信息数据表示和交换的重要手段。

此外，许多空间数据（尤其是栅格数据）的元数据本身具有层次化特性，XML 数据库可以为其提供存储、管理与查询等功能。

2. 高安全空间数据库

信息安全是任何国家、政府、行业、部门都十分重视的问题。地理空间信息数据是国家地理测绘成果的重要组成部分，是国家重要的战略资源。作为空间数据载体的空间数据库，其安全性值得关注。目前，国际上空间数据库基本上沿用的是传统关系数据库已有的安全机制，尚无扩展的空间数据库安全增强技术。因此，国内外学者纷纷开始关注空间数据库的安全机制问题。如国际上 Vijayalakshmi 等开展了地理空间数据访问控制模型和地理空间数据访问控制索引的研究；国内朱长青等开展了关于矢量地图数字水印的研究。

3. 多尺度空间数据库

"尺度"是空间数据表达的一个重要特征。从认知科学的角度，它体现了人们对空间事物、空间现象认知的广度与深度。一般来说，地学领域中的"尺度"概念是指研究对象在空间域上的延展范围或时间域上的覆盖区间。地图学与地理信息系统中的"尺度"被"比例尺"所取代。

在数据技术、网络传输、多媒体可视化等技术条件下，人们不再满足于静态、单一分辨率的空间表达，提出了从多角度、多视点、多层次对空间认知进行表达的要求，这就要求建立多尺度空间数据库，提供多尺度空间表达机制。因此，多尺度空间数据库势必成为今后空间数据库的发展方向之一。

**4. 时空数据库**

时空数据库是指随时间变化，地理实体的空间位置或范围也发生改变的数据库系统。时空数据库的核心是时空数据模型。自 1989 年时空数据模型开始研究以来，经过近 30 年的努力，相继产生了一大批理论成果，为时空数据库的研究奠定了理论基础。但"时态"＋"空间"≠"时空"，两者很难简单地相加，因此，时空数据库的研究和应用仍是今后一段时间内的研究重点。

**5. 空间数据仓库**

"数据仓库"的概念在 20 世纪 90 年代初提出，其目标是达到有效的决策支持。空间数据仓库（Spatial Data Warehouse，SDW）由 GIS 技术与传统数据仓库技术相结合，其目标是挖掘空间数据的科学价值和经济价值，用于支持数字地球、空间数据集成、空间决策支持等应用。空间数据仓库扩展了 GIS 的应用，强化了空间数据的利用率，特别是在时空演化和持续发展研究方面起着日益重要的作用。随着空间数据的不断积累和 GIS 应用需求的不断提高，空间数据仓库必将成为空间数据库未来发展的一个重要方向。

# 任务六 空间数据库设计与实施

空间数据库设计的主要任务就是经过一系列的转换，将现实世界描述为计算机世界中的空间数据模型，也即是将地理实体抽象为计算机能够处理的数据模型。空间数据库设计是一个重要的过程，应根据项目的需要进行规划和反复设计。本书主要介绍 Geodatabase 数据库的设计。

## 6.6.1 空间数据库设计的必要性

空间数据库的设计类似于传统关系数据库的设计，也必须经过调研、用户需求分析、概念模型设计、逻辑模型设计和物理模型设计等 5 个阶段。由于设计过程比较费时，并且无法产生面向终端用户的应用，因此在很多情况下往往被忽视。然而，如果逾越设计过程，则会给数据库带来很大的风险，使其无法满足当前和未来应用的需要，并有可能导致数据的重复、缺失、冗余、表达不当及缺乏适当的数据管理技术等一系列问题。

## 6.6.2 空间数据库设计的目的

空间数据库设计为数据库提供了一个总体结构，用户可以查看整个数据库并对数据库的各个方面作出评价。通常，前期花费一些时间和资金来解决设计问题可以避免后期可能会出现的棘手问题，而这些棘手问题将会耗费更多的资源。

良好的设计是建立一个功能和操作高效的空间数据库的保证，经过精心设计的空间数据库可以达到以下应用目的：

（1）满足用户的需求。

（2）包含所有必要的数据，但没有冗余数据（明确要求存档的数据除外）。

（3）增加了数据查询和分析的灵活性。

（4）方便和维护数据以支持不同的使用。

（5）对地理要素进行适当地表达、编码和组织。

### 6.6.3　Geodatabase 数据库的设计内容

设计一个空间数据库之前，必须在用户需求分析的基础上考虑以下几个问题：数据库中存储哪些数据（专题图层）来模拟真实世界，如何表示各种数据（点、线、面、栅格或其他形式）并将各类数据组织到 Geodatabase 数据库中。

Geodatabase 数据库设计的基本内容是确定构成数据库的要素类、栅格数据集、表以及表之间的联系。要素类之间的关系通过要素数据集、关系类和拓扑来管理。一个要素数据集中的各个要素类具有相同的空间参考；拓扑类、几何网络中的各要素类受拓扑完整性约束。

### 6.6.4　Geodatabase 数据库的设计步骤

Geodatabase 数据库的设计分为 11 个步骤，概括了常规的 GIS 空间数据库设计过程。步骤 1 至步骤 3 用于确定每个专题图层的特征；步骤 4 至步骤 7 用于制定表达规范、关系，并最终创建地理空间数据库的要素及其属性；步骤 8 和步骤 9 用于定义数据采集过程并指定数据采集职责；步骤 10 和步骤 11 通过一系列初步实施方法来测试和优化设计，并对设计进行记录。具体步骤如下：

1. 确定要创建和管理的信息产品

GIS 空间数据库设计应反映出用户的工作内容。在此阶段，应列出可供使用的数据源，并通过使用这些数据源来满足用户数据设计的需求；针对应用，定义基本的二维和三维数字底图；确定将在平移、缩放和浏览底图内容时出现在每个底图中的地图比例集。

2. 根据用户需求，确定主要的数据专题

较全面地定义每个数据专题的某些关键方面。确定每个数据集的用途，如编辑、GIS 建模和分析、制图和三维显示等。针对每个特定的地图比例确定地图用途、数据源和空间表示；针对每个地图视图和三维视图确定数据精度和采集指导方案；指定专题的显示方式，如符号系统、文本标注和注记等。确定每个地图层如何与其他主要图层以集成的样式显示。在建模和分析时，确定如何将信息与其他数据集一起使用。帮助用户确定某些主要的空间关系以及数据完整性规则。

3. 指定比例范围及每个专题数据在不同比例尺下的空间表示

编译数据以在地图比例的特定范围内使用。为每个地图比例关联地理表示，地理表示通常在地图比例之间发生变化（例如，从面变成线或点）。在许多情况下，可能需要对要素表示进行概化，才能在更小的比例下使用。可以使用影像金字塔对栅格数据进行重采样。另外，可能需要为不同的地图比例采集其他表示形式。

4. 创建要素数据集

将离散要素建模为点、线和面要素类。可以考虑用高级数据类型（如拓扑、网络和地形）来建模图层中以及数据集间各元素之间的关系。对于栅格数据集，可以选择镶嵌集（mosaic）和目录集（catalog）来管理非常大的集合。可使用要素（如等值线）以及栅格数据和地形数据来对表面进行建模。

5. 定义表及表之间的联系

定义表中属性字段名、字段类型及字段有效值、属性范围和分类；使用子类型来控制行为；确定表之间的联系。

6. 定义要素数据集的空间行为、空间关系和完整性规则

为要素添加空间行为和功能，也可以使用拓扑、地址定位器、网络、地形等突出相关要

素中固有空间关系的特征来达到各种目的。例如，使用拓扑对共享几何的空间关系进行建模并强制执行完整性规则；使用地址定位器来支持地理编码；使用网络进行追踪和路径查找。对于栅格数据，可以确定是否需要栅格数据集或栅格目录。

7. 制定地理空间数据库设计计划

为每个数据专题定义想要包含在设计中的地理空间数据库要素集。

8. 设计编辑工作流程和地图显示属性

定义编辑程序和完整性规则（例如，所有街道都与其他街道在相交处分开，在端点相连）。设计有助于满足数据的这些完整性规则的编辑工作流程。定义地图和三维视图的显示属性。为每个地图比例确定地图显示属性，这些属性将用于定义地图图层。

9. 指定用来构建和维护每个数据图层的职责

确定负责数据维护工作的人员，或者将该工作指派给其他组织。设计如何使用数据转换和变换操作在各个组织之间导入和导出数据。

10. 构建可用的原型，测试并优化原型设计

使用文件或个人地理空间数据库为推荐的设计构建示例地理空间数据库副本。构建地图，运行主要应用程序，并执行编辑操作，以测试设计的实用性。根据原型测试结果对设计进行修正和优化。有了可用的方案后，便可以加载更大的数据集以检验其生产、性能、可伸缩性以及数据管理工作流程。在开始载入地理空间数据库之前，先确定设计。

11. 记录地理空间数据库设计

可以使用绘图、地图图层示例、方案图、简单的报表和元数据文档等多种方法用于描述空间数据库设计和决策。常用的方法有 UML（Unified Modeling Language，统一建模语言），但 UML 无法表示所有地理属性以及要做的决策；而且 UML 不能传达主要的 GIS 设计理念，例如，专题组织、拓扑规则和网络连通性；UML 无法以空间形式表现设计。也可以使用 Visio 来创建地理空间数据库方案的图形表示，例如，使用 ArcGIS 数据模型发布的图形表示。

## 6.6.5 某地区土地利用数据库设计实例

某地区土地利用数据库采用大比例尺建库，即以 1∶1000 土地利用数据库为主体。土地利用数据库文件选用 ArcGIS 提供的 Geodatabase 数据格式存储。本书只介绍如何进行土地利用数据分层和数据组织的设计。

1. 数据分层

土地利用基本要素包括基础地理要素、权属要素、地类要素、注记要素、影像要素、其他要素等大类。各大类下面又分二级类和三级类。根据各要素的几何类型进行物理分层，建立点要素层、线要素层、面要素层和注记要素层。各物理层内部按要素性质差别使用要素代码进行逻辑分层，再根据实际需要将部分几何类型相同的要素独立成层。其中，面要素层又分为图斑、权属区和行政区三个要素层；注记要素层中分化出地类注记层和高程注记层。

2. 数据组织

在 Geodatabase 中，主要使用测量数据集、要素数据集、表、栅格数据集和元数据文档来组织数据。土地利用数据库作为一种专题数据库，其内容构成主要是土地利用矢量图和正射影像图，分别使用要素数据集和栅格数据集进行数据组织。

要素数据集是组织矢量数据的基本框架之一，是矢量要素类的容器。要素数据集是一个

具有相同空间参照的要素类的集合。土地利用要素之间具有多种空间或属性上的关联关系，把相互联系的若干要素组织到同一个要素数据集中，显式地定义它们之间的关系，利用 ArcGIS 对其进行自动维护和更新。

ArcGIS 提供的拓扑、几何网络等复合对象模型，是保证复杂对象数据完整性的有效手段。如，行政界线和权属界线同时也是切割图斑的界线，将行政区和权属区与图斑要素类存放在同一个要素数据集中，并定义它们之间共享几何的拓扑关系，将能保证这三个土地利用要素类中同一条界线的严密重合。

土地利用要素类之间存在着密切的关系。例如，行政界线和权属界线同时还是切割地类图斑的界线；地类注记以地类图斑为标注对象；地形注记则以地形要素为标注对象；廓外要素起到地图整饰作用。

据此，以土地利用要素二级类为基础进行调整，设立 4 个要素数据集。

（1）基础地理要素数据集：测量控制点、等高线、高程点、地形注记。

（2）权属与地类要素数据集：行政区、行政境界、权属区、权属界线、权属界线拐点、图斑、线状地物、零星地物、地类界线、地类注记。

（3）注记要素数据集：地名注记、水系注记、交通注记。

（4）廓外要素数据集：接头表、廓外注记（图名、坐标系、比例尺、调绘人、调绘日期、制图人、制图日期、检查人、检查日期）等。

然后，在对各要素类按要素数据集进行组织的基础上，定义同一要素数据集中各要素类之间和要素类内部的拓扑关系，以确保行政界线、权属界线、图斑界线层中相同的界线完全重合，并且图斑、行政区、权属区三个要素层内部无缝隙、无重叠。

根据要素类包含的各逻辑分层的特点，在要素类内部划分若干个子类，并定义各个子类的完整性规则和 GIS 行为。例如，在土地利用图斑类中可以划分农用地、建设用地和未利用地 3 个子类，为每个子类的最小上图面积等属性定义不同的完整性约束规则。

此外，要素类的各个属性项都有数据类型、取值范围的限定，可以用默认值、域等手段规范属性项的内容。

在属性数据入库过程中，经常会遇到多要素属性的填写或更改，若逐个进行工作量很大。扫一扫，学习利用 ArcGIS 进行属性的批量修改及选择，事半功倍哦！

# 任务七　空间数据库应用实例

本书将以城乡地形地籍数据建库为例，介绍空间数据库在生产生活中的应用。城乡地形地籍数据库建库的总体思想是城乡一体化。数字化技术是城乡一体化建库得以实施的前提和保障。在传统的信息管理方式下，数据信息主要通过纸质的图纸和文件作为载体，空间信息只能通过分块拼接的方式来存储，各种地籍要素依照不同比例被独立地分开。空间信息和属性信息以不同的方式存储，难以检索和查询，更谈不上综合利用。然而在过去几十年中，数字化技术得到飞速发展，地籍数据的存储、管理和利用也产生了巨大的变化。空间信息可以在数字虚拟空间中原样存储，不同的图元要素可以分层叠加，比例的缩放只是一种观测方式和手段。因此，利用数字化技术有利于真实地反映城乡地形地籍的客观实际情况，把城镇数据和农村数据统一起来，构建出城乡一体化的空间数据库。

## 6.7.1 建库规范与标准

城乡地形地籍数据的建库、入库严格按照国际、国家、地方和行业的有关标准与规范执行，如空间数据分层与编码标准、数据质量与元数据标准等。本书中城乡地形地籍数据的建库是以某地区为例，数据建库、入库主要依据以下标准规范：

| | |
|---|---|
| GB/T 17798—2007 | 《地理空间数据交换格式》 |
| GB/T 2260—2007 | 《中华人民共和国行政区划代码》 |
| GB/T 2025.7.1—2007 | 《国家基本比例尺地图图式第1部分：1：500、1：1000、1：2000地形图图式》 |
| GB/T 17986.1—2000 | 《房产测量规范第1单元：房产测量规定》 |
| GB/T 17986.2—2000 | 《房产测量规范第2单元：房产图图式》 |
| 全国农业区划委员会 | 《土地利用现状调查技术规程》（1984） |
| 国土资源部 | 《土地登记办法》（2008年2月1日起施行） |
| 国土资源部 TD/T 1001—2012 | 《城镇地籍调查规程》 |
| 国土资源部 TD/T 1015—2007 | 《城镇地籍数据库标准》 |
| 住房和城乡建设部 | 《城镇房屋所有权登记暂行办法》 |
| 国家测绘局 CH 5002—1994 | 《地籍测绘规范》 |

其他如《某省农村土地登记规则》《某省城镇地籍调查测量实施细则》《某地区城乡地籍数据库建库标准》等。

## 6.7.2 建库总体方案

### 1. 建库物理平台

关系数据库平台采用目前普遍使用的Oracle公司的Oracle 9i或微软公司的SQL Server 2000关系数据库平台。空间数据管理采用美国ESRI公司的GIS数据库引擎ArcSDE。

ESRI公司在GIS领域已有近30年的历史。它全面整合了GIS与数据库、软件工程、人工智能、网络技术及其他多方面的计算机主流技术，组成了一个功能强大，适用于各行各业的地理信息体系。

ArcSDE是ESRI公司提供的一个基于关系型数据库基础上的地理数据库服务器，是对关系型数据库的一个扩展，其工作原理如图6-13所示。

ArcSDE具备很多优点

（1）ArcSDE是一个地理数据共享服务器。它采用数据库技术和Client/Server体系结构，地理数据以记录的形式存储，数据可以在整个网络上共享，为跨越Internet开放的空间数据访问提供了有力的手段。

（2）ArcSDE是一个高效的地理数据服务器。由于利用了数据库的强大数据查询机制，ArcSDE可以实现在多用户条件下的高效并发访问。它不仅采用了空间索引，而且对空间坐标采取了整数量化和增量压缩存储的计算方

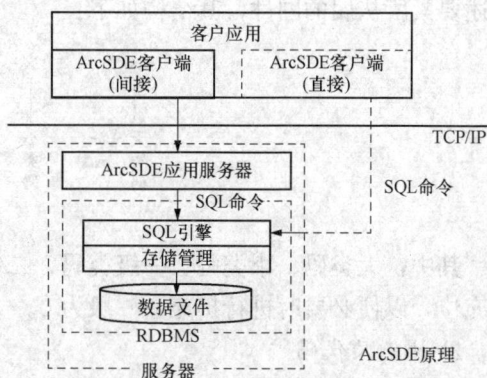

图6-13 ArcSDE工作原理

式，减少浮点运算，具有快速的检索和处理地理数据的能力。

（3）ArcSDE可以管理海量的无缝地理数据。由于数据库强大的数据处理能力加上ArcSDE独特的空间索引机制，每个数据集的数据量不再受限制。和传统的地理数据存储方式不同的是，数据不用根据地理位置分割管理，用户和客户端只需指定数据的类型，而不需要指定所在的图幅图号。海量的数据管理能力使数据可以集中管理，从而降低了数据的维护费用，大大地推动了GIS的数据共享和应用。

（4）ArcSDE是一个安全的地理数据库。它采用数据库的安全机制，从而使地理数据的安全性得以保障。通过数据库的备份功能可以随时备份地理数据。由于不再是文件系统通过网络共享，用户不能拷贝和删除数据集，只能通过连接来访问授权的数据，因而保证了数据访问的合法性。

因此，采用安全、高效、海量的Oracle 9i数据库平台和ArcSDE GIS数据库引擎作为城乡地形地籍数据库建库的技术手段，为城乡地形地籍数据将来广泛、安全、高效的应用提供了有力的保障。

2. 建库总体方案

（1）基础GIS数据库设计方案的建立、测试及物理实施。

（2）数据标准化方案的确立。在基础GIS数据库设计方案完全确立后，根据现状数据和基础GIS数据库各自的特点和它们之间的关系，确立数据标准化方案。采用不同种类数据选取典型样本对数据标准化方案进行测试，不断完善，使之满足各项需求。

（3）生产软件选型和数据的全面标准化实施。根据数据标准化方案的相关规定：一方面，选型最合适的生产软件，以满足生产过程中各个阶段的需要；另一方面，全面组织数据的整理生产和标准化实施。数据标准化过程包括预处理、标准化数据提取，逻辑性、一致性检查、数据更新入库等阶段，全面整合现有数据成果，保证现状数据精度合理、格式正确、逻辑性、一致性完好等。

（4）基础GIS数据库建库的总体流程如图6-14所示。

### 6.7.3 数据标准化方案

1. 城镇地籍与土地利用要素的分类

采用线分类法，根据分类编码通用原则，将城镇地籍与土地利用要素分为五大类，并依次分为大类、小类、一级类、二级类。分类代码采用四位数字层次码组成，并增加图件类别描述要素所从属的图件，其结构如下：

$$\times \quad \times \quad \times \quad \times$$

大类码　小类码　一级类码　二级类码

其中，大类码、小类码、一级类码、二级类码分别用一位数字顺序排列；二级类码作为扩充位，以便必要时进行扩充，一般为0。

2. 比例尺代码

比例尺代码见表6-1。

| 表 6-1 | | | 比例尺代码 | | | | |
|---|---|---|---|---|---|---|---|
| 比例尺 | 1:500 | 1:1000 | 1:2000 | 1:5000 | 1:1万 | 1:2.5万 | 1:5万 | 1:10万 |
| 字母代码 | K | J | I | H | G | F | E | D |
| 数字代码 | 8 | 7 | 6 | 5 | 4 | 3 | 2 | 1 |

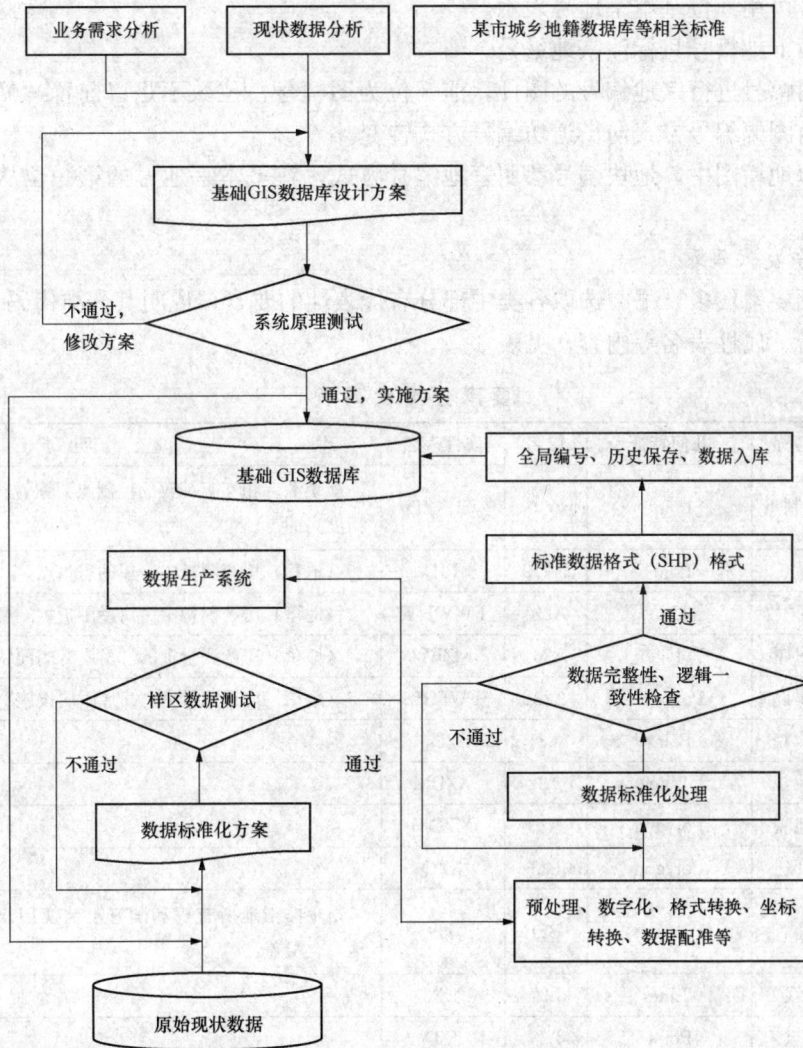

图 6-14　基础 GIS 数据库建库总流程

**3. 地籍、房籍命名规则**

地籍号共 16 位，组成如下：

区（县级市）号（2 位，国家编号后两位）＋ 街道号｜街区号｜乡镇代码（3 位，省规定代码）＋街坊号｜行政村代码（3 位，区局统一编号）＋ 基本宗地号（5 位，顺序号）＋ 宗地支号｜使用权宗地号（3 位，顺序号）。

说明：

（1）1∶500 城镇地籍图中，可以采取行政意义上的街道、街坊划分测区，也可以根据道路、河流等明显地物划分测区，但全市统一进行编号。

（2）在编号各组成部分中，如实际编号位数未达到规定数，以前置"0"补充。

（3）宗地编号由"基本宗地号＋宗地支号｜使用权宗地号"组成。宗地支号指在基本宗地号所指宗地发生分割而产生子宗地的编号，若宗地无支号，则宗地支号为"000"；上述情况，宗地编号可用 5 位基本宗地号表示。

（4）图面上地籍号只标注宗地编号。

（5）以图幅号进行宗地编号的图件，前 8 位为图幅号，位数不足以前置"0"补充。在生产中逐步由图幅编号方式向街道坊编号方式转变。

（6）城镇地籍图中，地块编号参照宗地编号方式，在基本宗地号的第一位从"6"开始编号。

4. 要素分类代码表

由于涉及要素较多，书中选取各类中部分有代表性的要素，说明其分类代码、名称、几何特征、层名、属性表名等内容，见表 6-2。

表 6-2　　　　　　　　　　　　要 素 分 类 代 码 表

| 代码 | 要素名称 | 几何特征 | 层名 | 属性表名 | 说　明 |
|---|---|---|---|---|---|
| 1100 | 测量控制点 | Point | A10 | CLKZD | 多来源、相互不一致的控制点要素选择原则为选取精度高的点 |
| 1212 | 房角点 | Point | A212 | FJD | （地籍）房产测量中房屋的房角点 |
| 1221 | 房屋围护物 | Line | A221 | FWWHW | （地籍）房产测量中"房屋围护物"要素 |
| 1231 | 面状房屋 | Polygon | A231 | MZFW | （地籍）房产测量中的"房屋"的面状要素 |
| 1232 | 房屋附属设施 | Polygon | A232 | FWFSSS | （地籍）房产测量中"房屋附属设施"的面状要素 |
| 1310 | 点状地貌 | Point | A31 | DZDM | |
| 1320 | 线状地貌 | Line | A32 | XZDM | |
| 1330 | 面状地貌 | Polygon | A33 | MZDM | |
| 2110 | 行政区 | Polygon | B11 | XZQ | |
| 2210 | 宗地 | Polygon | B21 | ZD | 指集体土地所有权和国有土地使用权宗地及其块地，全覆盖 |
| 2220 | 界址线 | Line | B22 | JZX | |
| 2230 | 界址点 | Point | B23 | JZD | |
| 2310 | 点状地类 | Point | B31 | DZDL | |
| 2320 | 线状地类 | Line | B32 | XZDL | |
| 2330 | 面状地类 | Polygon | B33 | MZDL | |
| 3310 | 行政区注记 | Point | C31 | XZQZJ | |
| 3320 | 街道注记 | Point | C32 | JDZJ | |
| 3330 | 宗地注记 | Point | C34 | ZDZJ | |
| 3411 | 房产界址点号 | Point | C411 | FCJZDH | |
| 3413 | 房产权号 | Point | C413 | FCQH | |

续表

| 代码 | 要素名称 | 几何特征 | 层名 | 属性表名 | 说 明 |
|---|---|---|---|---|---|
| 3416 | 门牌号 | Point | C416 | MPH | |
| 3452 | 房屋边长 | Point | C452 | FWBC | |
| 3454 | 房屋建筑面积 | Point | C454 | FWJZMJ | |
| 3570 | 高程点注记 | Point | C57 | GCDZJ | |
| 3580 | 等高线注记 | Point | C58 | DGXZJ | |
| 4010 | 2000 年 1:2000 正射影像图 | Image | D01 | | 根据影像的影像特性、生产年代等分层，影像层名从 D01 开始顺序编号；栅格层名从 D90 开始顺序编号 |
| 4020 | 1996 年 1:1 万 正射影像图 | Image | D02 | | |
| 4900 | 栅格 | Grid | D90 | | |
| 5100 | 地籍图范围区 | Polygon | E10 | DJTFWQ | 根据实际测量情况动态更新 |

## 6.7.4 数据预处理与入库

数据成果在入库前，必须经过数据预处理与严格的数据质量检查，以保证数据的入库质量。

1. 数据预处理

数据预处理主要从以下几个方面入手：

(1) 要素分层问题。针对要素分层错误的具体类型采取不同的方法：

1) 对于个别要素放错层，首先判断是否几何类型错。若几何类型错，则调整放入层；若几何类型一致，则结合资料和数据本身信息进行人工判断，进行手工调整。

2) 对于一个层放入多个层的问题，则把各层数据合并起来。

3) 对于多个层放入一个层的问题，则按照资料和数据关系，手工挑选，把要素放入相应的层。

4) 层名错误，严格按照数据标准进行定义。

(2) 要素拓扑关系问题。要素拓扑关系其本质就是数据直接的逻辑关系。拓扑关系的处理是数据预处理过程中非常重要的一步。通常情况下，需要重点注意以下几种拓扑关系：

1) 同一个图层中多边形要素的拓扑关系。如多边形与多边形之间是否存在重叠、缝隙、公共边、岛等。

2) 同一个图层中线要素的拓扑关系。如共线的情况，可以通过线拷贝、线打断、线结合来处理；悬挂点的情况，可以通过点位移动或增加新节点来获取；交叉线的情况，则可以通过打断线来处理；线与线之间公共点尤其是公共端点的情况，按照同层点要素共点方法处理。

3）同一个图层中点要素的拓扑关系。包括共点关系和重复点（含小于标准所规定距离的点），对于共点关系可以采用相同坐标表达，而重复点则予以删除。

4）不在同一个图层中但存在空间逻辑关系的几何要素。分为：

①多边形与多边形。空间逻辑关系主要是包含与被包含关系（如面状地类应被宗地包含）、共线关系（如线状地类分割宗地的情况），处理这种情况，可以通过几何精度要求高低和实际含义的不同，采取合并、分割、相交、取异等拓扑运算来解决；共线则采用拷贝级别高的线来处理。

②多边形与线。处理方法同上。

③面/线与点。如界址线与界址点，主要是共点关系，可通过点要素坐标修改线、面要素。

（3）属性缺失和不正确命名问题。属性是 GIS 数据的重要内容之一，在数据预处理中，缺失属性要尽可能补充完整，可以通过程序与手工输入实现。对于命名正确性的保证，主要是严格按照属性表结构来实现，包括属性表命名、属性字段命名和字段的多余与缺少等情况。

（4）符号表达问题。严格按照应用需求，处理各种点、线、面符号。

2. 质量检查

质量是 GIS 数据的生命线，质量监控将贯穿整个数据预处理工作。在质量检查中，应遵循以下原则：

（1）分步检查与分级检查相结合。由于在 GIS 数据预处理中存在较多步骤，且各步骤之间存在依赖关系，若前一步处理不好，则将直接影响下一步。因此，需要建立严格的分步检查制度，确保一个步骤的数据合格后再进入下一步。同时，在质检时，为了避免工作人员因疏忽而造成错误，严格建立作业者—小组长—质检人员—管理人员的分级体系，结合分步检查，确保数据质量万无一失。

（2）人工检查与程序检查相结合。与数据预处理一样，通常情况下，质量检查也采用人工检查和程序检查相结合的方式进行。对于逻辑关系强的数据，通过设定规则，采用程序检查；而程序检查的结果及无法利用程序进行检查的数据，则采用手工方法检查。

（3）普查与抽查相结合。对于程序检查的内容，要进行 100% 普查；而对于手工检查的内容，则按照分级检查的方式，普查与抽查相结合。作业人员和专业质检人员采用普查的方式，力争不漏掉任何一处错误；而小组长和管理人员则采用抽查的方式，其比例保持在30% 和 10% 左右。

3. 数据入库

确认数据完整性和一致性完毕后，就可以使用入库工具把整理好的数据按照对应的图层导入数据库中，主要包括矢量数据、正射影像数据、元数据等。入库后，还需要对数据进行最后的拓扑处理。拓扑处理完毕，数据就具备了系统所要求的一切特性。

4. 数据入库成果

（1）空间数据的无缝集成。传统的分幅数据将不复存在，完全解决了"图幅缝隙"问题，保证了空间要素的一致性和连续性。

（2）空间数据和属性数据的无缝集成。实现了空间数据和属性数据的无缝集成，实现真正的图文一体化。

（3）满足"房地一体化，城乡一体化"需要。房地一体化保证了房产图和地籍图从空间位置上是一致的，把房产数据和土地数据进行高度关联，形成房地在空间位置和属性上的联系。

（4）属性、空间、时间数据的集成化管理。根据地籍信息管理的特殊性，增加时间维数据，把有关土地的空间数据、属性数据和时间数据进行集成管理，并进行地籍数据的动态变更管理。利用地籍信息的时态特征，可以完整描述每一时刻的土地利用状况；记录宗地的变更过程；对宗地信息的变更历史进行跟踪，并利用它进行恢复和预测。以历史库为基础，可以对地籍历史数据进行管理，系统能够恢复到建库任何时刻的状况。

（5）矢量图与影像图的叠加管理。实现矢量图和影像图的集成管理，提供按控制点配置矢量图与影像数据的方法，充分利用各种遥感影像图、航片图像在土地利用动态监测中的作用。在矢量图上叠加影像图，直观地了解土地利用的现状与变化情况，及时了解矢量数据库中的数据与图像数据的差异，发现并纠正违法用地情况，同时也为矢量数据的更新提供参考。

（6）多种比例尺地籍图的分层显示。1：500、1：2000、1：1万地籍图及土地利用图在统一 GIS 数据库坐标系的前提下实现配准。设置不同的比例尺显示范围，使其在不同比例尺下分别显示概略地籍图与详细地籍图。根据办公流程和用户需要的不同，设计不同的地图显示机制，分别调用 1：500、1：2000、1：1万图纸。

## 知 识 考 核

1. 试阐述数据库、数据库管理系统、数据库系统的概念。
2. 什么是数据模型？E－R 图的作用是什么？
3. 关系模型的数据结构如何？
4. 什么是空间数据库，具有什么特点？
5. 空间数据库管理有几种模式？各有什么特点？
6. 空间数据库设计有哪些主要的步骤和内容？

# 项目七　空间查询与空间分析

## 项目概述

空间查询是按一定的查询条件对地理信息系统所描述的实体及属性进行访问，从众多的空间实体中挑选出满足条件的要素。空间分析研究点、线、面的几何属性及它们之间的相互关系，通过基于几何的空间关系分析，揭示地理要素和过程的内在规律及机理，提取和传输地理空间信息，特别是隐含信息，以解决生产生活中涉及地理空间的实际问题，辅助决策。介绍三种不同的空间数据查询方法和数字高程模型分析、缓冲区分析、叠置分析、网络分析、泰森多边形分析、空间统计分析等几种常用的空间分析方法。

## 学习目标

1. 掌握三种不同的空间数据查询方法；

2. 理解数字高程模型的基本概念，能区分数字高程模型和数字地面模型，掌握数字高程模型的数据采集方法和表示方法，了解其具体应用领域，会进行简单的应用案例分析；

3. 理解缓冲区分析、叠置分析在实际应用中的作用，能结合具体项目，进行缓冲区分析、叠置分析以及二者的联合分析；

4. 理解网络分析中最短（佳）路径选取、资源配置、最小生成树等问题的解决方法，能根据实际应用问题，选择合适的网络分析方法加以解决；

5. 了解泰森多边形的由来，理解其特点及在实际问题中的应用意义，掌握泰森多边形的构建方法；

6. 了解几种常用的空间统计方法，能进行简单的空间统计分析。

# 任务一　空　间　查　询

空间查询是按一定的要求对地理信息系统所描述的地理实体及其空间信息进行访问，从众多的地理实体中挑选出满足用户要求的空间实体及其相应的属性。根据信息查询的出发点不同，可分为三种不同的查询方式：基于空间关系特征的查询，基于属性特征的查询，基于空间关系和属性特征的查询（SQL 查询）。

## 7.1.1　基于空间关系特征的查询

地理实体间存在多种空间关系，如拓扑、顺序、距离、方位等。通过空间关系，查询和定位地理实体是 GIS 区别于一般数据库系统的标志之一。如查询满足下列条件的景区：

● 在北京三环以外；

● 距离三环线不超过 100km；

- 景区选择区域是特定的多边形。

整个查询计算涉及了空间顺序方位关系（在北京三环以外），空间距离关系（距离三环线不超过 100km），空间拓扑关系（景区选择区域是特定的多边形），是一种复合查询。

地理信息系统中简单的点、线、面之间的查询主要有：

- 面面查询：如与某个多边形相邻的多边形有哪些（与云南省相邻的省市有哪些）；
- 面线查询：如某个多边形的边界有哪些线组成（某水库的边界）；
- 面点查询：如某个多边形内有哪些点状地物（丽江地区有哪些旅游景点）；
- 线面查询：如某条线经过（穿过）的多边形有哪些，某条链的左、右多边形是哪些（京广铁路穿过那些省、市）；
- 线线查询：如与某条河流相连的支流有哪些，某条道路跨过哪些河流；
- 线点查询：如某条道路上有哪些桥梁，某条输电线上有哪些变电站；
- 点面查询：如某个点落在哪个多边形内（玉龙雪山在哪个省）；
- 点线查询：如某个结点由哪些线相交而成（经过郑州的铁路线）。

在实际的地理信息系统中往往不是指对单一关系查询，而是数种关系的组合，还可能有属性信息的条件限制。

### 7.1.2　基于属性特征的查询

GIS 中基于属性特征的查询包括两方面的内容：一是由地物目标的某种属性数据（或者属性集合）查询该目标的其他属性信息；二是由地物目标的属性信息查询其对应的图形信息。

例如，查询北京市面积大于（景区的属性信息）的，此查询即为由地物目标的属性信息（面积大于 5 平方公里）查询其对应的图形信息（符合条件的景区）。

### 7.1.3　基于空间关系和属性特征的查询（扩展 SQL）

基于空间关系和属性特征的查询是指查询条件同时包括了空间关系方面的内容和属性方面的内容，查询结果应同时满足这两个方面的要求。如在前面的查询条件中加入最后一条：

- 在北京三环以外；
- 距离三环线不超过 100km；
- 景区选择区域是特定的多边形；
- 景区面积大于 $5km^2$（属性信息）。

这一查询即是空间关系和属性信息的混合查询。为完成上述查询任务，众多的地理信息系统专家提出了"空间查询语言"（Spatial Query Language）作为解决问题的方案。

目前的空间数据查询语言是通过对标准的 SQL 进行扩展来形成的，即在数据库查询语言的基础上增加空间数据类型（如点、线、面）和空间操作算子（如求长度、面积、叠加等），以便适用于空间关系查询。

例如，查询：圣劳伦斯河能为方圆 300km 以内的城市供水，查询能从该河获得供水的城市。利用扩展后的 SQL 语言可表示为如下形式：

SELECT　City. Name

FROM　City，River

WHERE　Overlap（City. shape，Burfer（River. shape，300））＝1 And River. Name＝'St. Lawrence'

扩展 SQL 的优点：

● 在标准的结构化查询语言基础上进行扩展，保留了结构化查询语言的风格，便于熟悉结构化查询语言的用户掌握；

● 通用性较好，易于与关系数据库进行连接。

缺点：

● 结构化查询语言结构很难描述复杂的空间关系查询；

● 简单的表格形式不能作为空间数据的表现形式。

对于空间数据的查询，最关键的是对空间概念的描述。理想的情况是，空间数据查询语言能完全表示人所理解的空间概念，但目前空间数据查询语言所能理解和表达的空间概念还很有限。在这方面还需要作进一步的研究。表 7-1 列出了 OGIS 标准定义的一些基本操作。

表 7-1　　　　　　　　　　OGIS 标准定义的一些操作（OGIS，1999）

| | | |
|---|---|---|
| 基本函数 | SpatialReference() | 返回几何体的基础坐标系统 |
| | Envelope() | 返回包含几何体的最小外接矩形 |
| | Export() | 返回以其他形式表示的几何体 |
| | IsEmpty() | 如果几何体是空集则返回真 |
| | IsSimple() | 如果几何体是简单的（即不相交）则返回真 |
| | Boundary() | 返回几何体的边界 |
| 拓扑/集合运算符 | Equal | 如果两个几何体的内部和边界在空间上相等，则返回真 |
| | Disjoint | 如果内部和边界都不相交，则返回真 |
| | Intersect | 如果几何体不相交，则返回真 |
| | Touch | 如果两个面仅仅是边界相交但是内部不相交，则返回真 |
| | Cross | 如果一条线和面的内部相交，则返回真 |
| | Within | 如果给定几何体的内部不和另一个几何体的外部相交，则返回真 |
| | Contains | 判断给定的几何体是否包含另一个给定的几何体 |
| | Overlap | 如果两个几何体的内部有非空交集，则返回真 |
| 空间分析 | Distance | 返回两个几何体之间的最短距离 |
| | Buffer | 返回到给定几何体的距离小于或等于指定值的几何体的点的集合 |
| | ConvexHull | 返回几何体的最小闭包 |
| | Intersection | 返回由两个几何体的交集构成的几何体 |
| | Union | 返回由两个几何体的并集构成的几何体 |
| | Difference | 返回几何体与给定几何体不相交的部分 |
| | SymmDiff | 返回两个几何体与对方互不相交的部分 |

# 任务二　数字高程模型分析

## 7.2.1　DTM 与 DEM 的概念

数字地面模型（Digital Terrain Model，DTM）是地形表面形态属性信息的数字表达，是带有空间位置特征和地形属性特征的数字描述。地形属性特征可以是高程属性，也可以是其他的地表形态属性，如坡度、坡向、温度、降雨量等。

DTM 中地形属性为高程时称为数字高程模型（Digital Elevation Model，DEM）。最初，DEM 是为了模拟地面起伏而逐渐发展起来的，但也可以用于模拟其他二维表面的连续高度变化，如气温、降雨量等。对于一些不具有三维空间连续分布特征的地理现象，如人口密度等，从宏观上讲，也可以用 DEM 来表示、分析和计算。

目前，DEM 已经在测绘、资源与环境、灾害防治、国防等与地形分析有关的科研及国民经济各领域发挥着越来越巨大的作用。

### 7.2.2　DEM 的数据采集方法

#### 1. 地面测量

利用全站仪在已知点位的测站上，观测目标点的方向、距离和高差三个要素；计算出各目标点的（$X$，$Y$，$Z$）三维坐标，然后转存于计算机中，作为 DEM 的原始数据。该方法适合于小区域内对精度要求较高的地面模型。

#### 2. 地形图数字化

这种方法主要以大比例尺的近期地形图为数据源，通过扫描数字化等方法得到地面点集的高程数据，建立 DEM。

#### 3. 航空或航天遥感图像

以航空或航天遥感影像为数据源，采用摄影测量方法建立地形立体模型。

数据采集是 DEM 的关键环节，采集的数据点太稀疏会降低 DEM 的精度；数据点过密，又会增加处理的工作量和存储量。因此，在 DEM 数据采集之前，应根据所需精度要求确定合理的取样密度，或者在数据采集过程中根据地形复杂程度动态地调整采样点密度。

### 7.2.3　DEM 的主要表示方法

#### 1. 拟合法

拟合法是指利用数学方法对地形表面进行拟合，主要利用连续的三维函数（如傅立叶级数、高次多项式等）来完成。对于复杂的地形表面，进行整体拟合是不可行的，所以，通常采用局部拟合法。

局部拟合法是将复杂表面分成正方形的小区域，或面积大致相等的不规则形状的小区域，用三维数学函数对每一区域进行拟合。由于在区域的边缘，表面的坡度不一定都是连续变化的，所以应使用加权函数来保证区域接边处的匹配。

用拟合法表示 DEM 虽然在地形分析中用得不多，但在其他类型的计算机辅助设计系统（如飞机、汽车等的辅助设计）中应用广泛。

#### 2. 等值线法

等值线是地图上表示 DEM 的最常用方法，高程值的集合是已知的，每一条等高线对应一个已知的高程值，这样一系列等高线集合和它们的高程值一起构成了数字高程模型，如图 7-1 所示。该模型不适用于坡度计算等地形分析工作，也不适用于制作晕渲图、立体图等。

#### 3. 规则格网模型

规则格网模型是将区域空间分成规则的格网单元，每个格网单元对应一个高程值。规则格网通常是正方形，也可以是矩形、三角形等，如图 7-2 所示。

图 7 - 1　等值线 DEM

| 91 | 78 | 63 | 50 | 53 | 63 | 44 | 55 | 43 | 25 |
| 94 | 81 | 64 | 51 | 57 | 62 | 50 | 60 | 50 | 35 |
| 100 | 84 | 66 | 55 | 64 | 66 | 54 | 65 | 57 | 42 |
| 103 | 84 | 66 | 56 | 72 | 71 | 58 | 74 | 65 | 47 |
| 96 | 82 | 66 | 63 | 80 | 78 | 60 | 84 | 72 | 49 |
| 91 | 79 | 66 | 66 | 80 | 80 | 62 | 86 | 77 | 56 |
| 86 | 78 | 68 | 69 | 74 | 75 | 70 | 93 | 82 | 57 |
| 80 | 75 | 73 | 72 | 68 | 75 | 86 | 100 | 81 | 56 |
| 74 | 67 | 69 | 74 | 62 | 66 | 83 | 88 | 73 | 53 |
| 70 | 56 | 62 | 74 | 57 | 58 | 71 | 74 | 63 | 45 |

图 7 - 2　规则格网 DEM

对于每个格网的数值有两种不同的解释。第一种是格网栅格观点，认为该格网单元的数值是其中所有点的高程值，即格网单元对应的地面区域内的高程是均一的高度，这种数字高程模型是一个不连续的函数。第二种是点栅格观点，认为该网格单元的数值是网格中心点的高程或该网格单元的平均高程值，这样就需要用一种插值方法来计算每个点的高程。计算任何不是网格中心数据点的高程值，可以使用周围 4 个中心点的高程值，采用距离加权平均方法进行计算。

格网 DEM 的优点：

● 数据结构简单，便于管理；

● 有利于地形分析，以及制作立体图。

格网 DEM 的缺点：

● 格网点高程值的内插会损失精度；

● 不能准确表示地形的结构和细部；为避免这些问题，可采用附加地形特征数据，如地形特征点、山脊线、谷底线、断裂线，以描述地形结构；

● 如不改变格网的大小，不能适用于起伏程度不同的地区；

● 地形简单地区存在大量冗余数据。

4. 不规则三角网（TIN）

不规则三角网（Triangulated Irregular Network，TIN）是另外一种表示数字高程模型的方法，它是直接利用不规则分布的原始采样点进行地形表面重建，由连续的相互连接的三角形组成，如图 7 - 3 中白色虚线所示。三角形的形状和大小取决于不规则分布的采样点的密度和位置。

不规则三角网法随地形的起伏变化而改变采样点的密度和决定采样点的位置，因此，它既减少了规则格网方法带来的数据冗余，又能按照地形特征点、地形特征线等表示数字高程特征。

TIN 的优点：

● 能充分利用地貌的特征点、线，较好地表示复杂地形；

● 可根据不同地形，选取合适的采样点数；

● 进行地形分析和绘制立体图很方便。

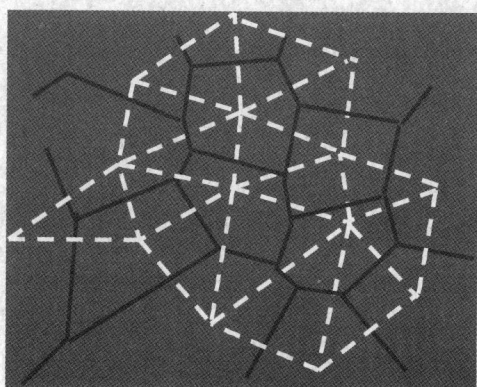

图 7-3　不规则三角网 TIN

### 7.2.4　DEM 的应用

DEM 的应用范围广泛，主要有：

- 在民用和军用的工程项目（如道路设计）中计算挖填土石方量；
- 为武器精确制导进行地形匹配；
- 为军事目的显示地形景观；
- 进行越野通视情况分析；
- 道路设计的路线选择、地址选择；
- 不同地形的比较和统计分析；
- 计算坡度和坡向、绘制坡度图、晕渲图等；
- 用于地貌分析，计算侵蚀和径流等；
- 与专题数据（如土壤图等）进行组合分析；
- 当用其他特征（如人口密度等）代替高程后，还可进行人口分布情况等的分析。

# 任务三　缓 冲 区 分 析

缓冲区分析是 GIS 中非常重要的一种空间分析技术，其实质是对一组或一类目标按某一缓冲距离（或缓冲半径）建立其周围缓冲区多边形图，然后将这一图层与目标图层进行叠加分析，从而得到所需结果。缓冲区分析包括缓冲区图层建立和叠置分析两个步骤。

缓冲区分析可分为点目标缓冲区分析、线目标缓冲区分析、面目标缓冲区分析。例如，某地区有危险品仓库，要分析一旦仓库爆炸所涉及的范围，需要进行点缓冲区分析；要分析因道路拓宽而需拆除的建筑物和搬迁的居民，则需进行线缓冲区分析；而在对野生动物栖息地的评价中，动物的活动区域往往是在距它们生存所需的水源或栖息地一定距离的范围内，此时可用面缓冲区进行分析。

### 7.3.1　点缓冲区分析

点缓冲区的建立是以点状目标为圆心，以某一缓冲距离为半径绘制圆。不同点状目标的缓冲半径可能不一样。当两个或两个以上点状目标相距较近或者其缓冲距离较大时，则二者的缓冲区可能部分重叠，如图 7-4（a）所示。

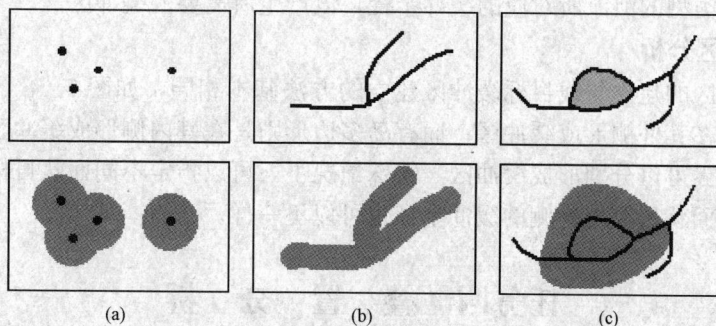

(a)　　　　　　　　　(b)　　　　　　　　　(c)

图 7-4　点、线、面的缓冲区

（a）点的缓冲区；（b）线的缓冲区；（c）面的缓冲区

### 7.3.2 线缓冲区分析

建立线的缓冲区实质就是生成缓冲区多边形，只需在线的两边按一定的缓冲距离绘制平行线，并在线的端点处绘半圆，就可形成缓冲区多边形，如图 7-4（b）所示。

若线的形状较复杂，则单条线的缓冲区有可能重叠，这时需要去除重叠部分，过程如图7-5（a）所示。同样，在对多条线建立缓冲区时，也可能会出现缓冲区之间的重叠，这时需把缓冲区内部的线段删除，以合并成连通的缓冲区，如图 7-5（b）所示。

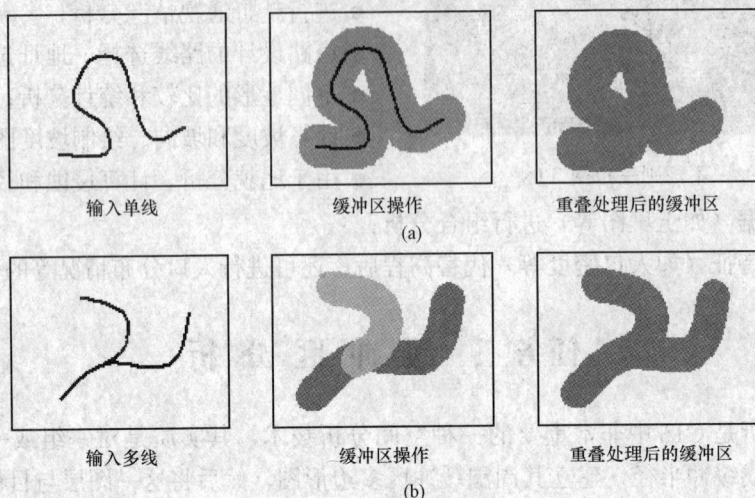

| 输入单线 | 缓冲区操作 | 重叠处理后的缓冲区 |

(a)

| 输入多线 | 缓冲区操作 | 重叠处理后的缓冲区 |

(b)

图 7-5　线缓冲区的建立
（a）对单条线建立缓冲区；（b）对多条线建立缓冲区

需注意的是：

（1）在对单条线建立缓冲区时，同一线状目标两侧的缓冲半径可以不同，甚至同一线状目标不同段的缓冲半径也可以不同。

例如，某条道路需拓宽，若道路的一侧拓宽20m，另一侧拓宽10m，则属于线两侧的缓冲半径不同。

（2）在对多条线建立缓冲区时，不同线状目标的缓冲半径可以不一样。

例如，沿河流绘出的环境敏感区的宽度应根据河流的类型而定，这样就可以根据河流属性表，确定不同类型的河流所对应的缓冲半径，以产生所需要的缓冲区。

### 7.3.3 面缓冲区分析

面目标缓冲区的建立与线目标缓冲区建立的方法基本相同，如图 7-4（c）所示。对于非岛多边形，是在其外侧形成缓冲区；而有岛多边形则是在其内侧形成缓冲区；对于环状多边形的内外侧边界可以分别形成缓冲区。特殊情况下，可以指定不同面状目标的缓冲半径不一样，甚至同一面状目标内外侧的缓冲半径也可以不一样。

# 任务四　叠　置　分　析

叠置分析是地理信息系统最常用的提取空间隐含信息的手段之一。该方法源于传统的透明材料叠加，即将来自不同数据源的图纸绘于透明纸上，在透光桌上将其叠放在一起，然后用笔勾画出感兴趣的部分，即提取出感兴趣的信息。

　　地理信息系统的数据是分层表示的，同一地区的整个数据层集表达了该地区地理景观的内容。每个主题层叫作一个数据层面。数据层面既可以用矢量结构的点、线、面等图层文件方式表达，也可以用栅格结构的图层文件方式进行表达。

　　地理信息系统的叠置分析是将有关主题层组成的数据层面，进行叠加产生一个新数据层面的操作，其结果综合了原来两层或多层要素所具有的属性。

## 7.4.1　基于矢量数据的叠置分析

### 1. 点与多边形叠置

　　点与多边形叠加，实质上是将一个含有点的图层叠置在一个多边形图层上，以确定每个点落在哪个多边形内。通过判断每个点相对于多边形的位置，可以得到关于点集的一个新的属性表，该表除包含点图层的原有属性之外，还增加了各点所属多边形的目标标识。

　　例如：一幅图表示水井的位置，另一幅图表示城市功能分区。两幅图叠置后可以得出每个城市功能区（如居住区）有多少水井，也可以知道每口水井位于城市的哪个功能区。

### 2. 线与多边形叠置

　　线与多边形叠置的实质是将一个含有线的图层叠置在一个多边形图层上，以确定每条线落在哪个多边形内。该过程是通过线在多边形内的判断来完成。由于一个线目标往往跨越多个多边形，因而首先要进行线与多边形边界的求交，然后按交点将线目标进行分割，形成一个新的线状目标结果集。基于该结果集可以得到线集的新属性表，该属性表除包含线图层的原有属性之外，主要增加了分割后各线所属多边形的目标标识。

　　例1：线状图层为河流，多边形图层为行政区划图，叠加的结果是行政区划图将穿过它的所有河流打断成弧段，这时可查询任意行政区内的河流长度，进而计算河流密度等。

　　例2：道路图与境界图叠加，从叠加结果中可得到每个行政区内各种等级道路的里程。

### 3. 多边形与多边形叠置

　　多边形与多边形叠置是指不同图幅或不同图层多边形要素之间的叠置，通常分为合成叠置和统计叠置。

　　合成叠置是指通过叠置形成新的多边形，并使新多边形具有多重属性，即进行不同多边形的属性合并。属性合并的方法可以是简单的加、减、乘、除，也可以取平均值、最大最小值或某种逻辑运算结果，如图7-6所示。

　　统计叠置是指确定一个多边形中含有其他多边形的属性类型的面积等参数值，即将其他多边形的属性提取到本多边形中来，如图7-7所示。

　　合成叠置与统计叠置的核心均是采用多边形与多边形裁剪算法形成新的多边形。

## 7.4.2　基于栅格数据的叠置分析

### 1. 单层栅格数据的叠置分析

　　（1）布尔逻辑运算。单层栅格数据可以按其属性数据来进行布尔逻辑运算，把需要的区域检索出来。布尔逻辑运算符有 AND、OR、XOR、NOT，如图7-8所示。

　　例如，可以用条件：（A　AND B）OR C进行检索，其中 A 为土壤是黏性的，B 为 pH 值大于 7.0 的，C 为排水不良的。这样就可以把栅格数据中"土壤结构为黏性"并且"土壤 pH 值大于 7.0"的区域，或者"排水不良"的区域检索出来。

　　布尔逻辑运算可以组合更多的属性作为检索条件，例如加上面积和形状等条件，以进行更复杂的逻辑选择运算。

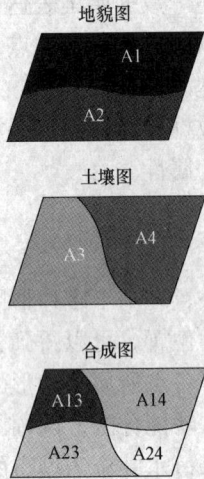

图 7 - 6　合成叠置

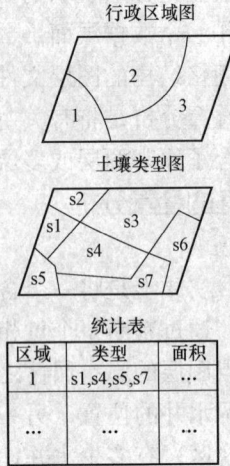

| 区域 | 类型 | 面积 |
|------|------|------|
| 1 | s1,s4,s5,s7 | … |
| … | … | … |

图 7 - 7　统计叠置

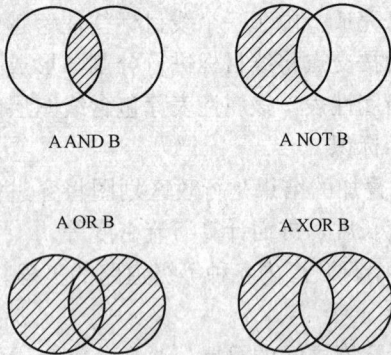

图 7 - 8　图形的布尔逻辑运算

（2）重分类。重分类是将属性数据的原有类别合并或转换成新类别，即对原来数据中的多种属性类型按照一定的原则进行重新分类，以利于分析。在多数情况下，重分类都是将复杂的类型合并成简单的类型。例如，可以将各种土壤类型重分类为水面和陆地两种类型。

重分类时必须保证多个相邻接的同一类别的图形单元有一个相同的属性名称，并且这些图形单元之间的公共边应该去掉，从而形成新的图形单元，如图 7 - 9 所示。

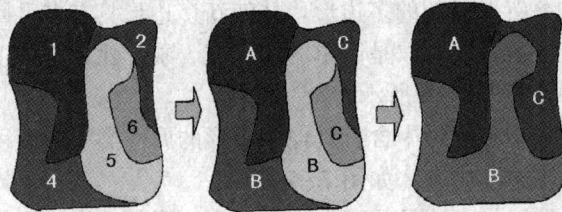

图 7 - 9　重分类

（3）滤波运算。栅格数据的滤波运算是指通过一个移动的窗口（如 $3 \times 3$ 的像元），对整个栅格数据进行过滤处理，使窗口最中央像元的新值定义为窗口中 9 个像元值的加权平均值。

栅格数据的滤波运算可以将破碎的地物合并和光滑化，以显示总的状态和趋势，也可以通过边缘增强和提取，获取区域的边界。

（4）特征参数计算。利用单层栅格数据，可以计算区域的周长、面积、重心，以及线的长度、点的坐标等。

　　例如，需要在栅格数据上量算某区域的面积，只需要计算该区域所包含的栅格数，再乘上一个栅格的单位面积即可。

　　2. 多层栅格数据的叠置分析

　　是指将不同图幅或不同数据层的栅格数据叠置在一起，在叠置地图的相应位置上产生新属性的分析方法。新属性值的计算如公式 7-1 所示：

$$U = f(A,B,C,\cdots) \tag{7-1}$$

式中　$A$，$B$，$C$——表示第一、二、三等各层上的属性值；

　　　　$f$ 函数——取决于叠置的要求。

　　多幅图叠置后的新属性可由原属性值进行简单的加、减、乘、除、乘方等计算出，也可以取原属性值的平均值、最大值、最小值或原属性值之间逻辑运算的结果等，甚至可以由更复杂的方法计算出，如新属性值不仅与对应的原属性值相关，而且与原属性值所在区域的长度、面积、形状等特性相关。

　　多层栅格数据叠置分析的作用，归纳起来有：

- 类型叠置：通过叠置获取新的类型。如土壤图与植被图叠加后，可以分析土壤与植被之间的关系。
- 数量统计：计算某一区域内的类型和面积。如行政区划图和土壤类型图叠加，可以计算出某一行政区划内的土壤类型数，以及不同类型土壤的面积。
- 动态分析：通过对同一地区、相同属性、不同时间段的栅格数据进行叠加，分析由时间引起的变化。
- 益本分析：通过对属性和空间的分析，计算成本、价值等。
- 几何提取：通过与所需提取的范围进行叠加分析，快速地进行范围内信息的提取。

# 任务五　网　络　分　析

## 7.5.1　与网络有关的概念

　　1. 网络图

　　网络图是指由一些点及点之间的连线所组成的图形。这些图形不按比例尺绘制，线段不代表真正的长度，点和线段的位置具有随意性。网络图中任意两条线段的交点称为结点 $v_i$；任意一条线段称为边 $e_i$。网络图分无向图和有向图两种，若图中的边是无向的，则称为无向图，反之称为有向图。如图 7-10（a）所示为无向图，图 7-10（b）所示为有向图。

　　网络图有以下几个特点：

　　(1) 无向图有 $n$ 个点，$m$ 条边，点为边的端点。

　　(2) 有向图同样有 $n$ 个点，$m$ 条边，但点为边的起点和终点。

　　(3) 点的位置、边的类型（曲线还是折线）与理解网络图的定义无关。

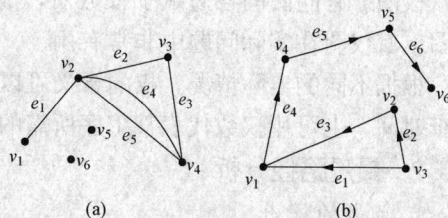

图 7-10　网络图
(a) 无向图；(b) 有向图

## 2. 路与回路

在无向图中，首尾相接的一串边的集合称为路。在有向图中，方向相同的首尾相接的一串边的集合称为有向路。通常用有顺序的节点或边来表示路或有向路。起点和终点重合的路，称为回路。

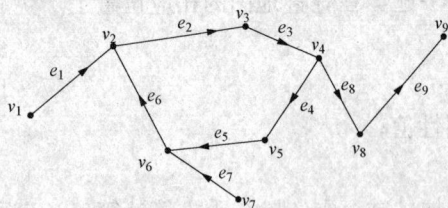

图 7 - 11  路与回路

在图 7 - 11 中：

● $P_1 = \{v_1, v_2, v_3, v_4, v_8, v_9\}$ 或 $P_1 = \{e_1, e_2, e_3, e_8, e_9\}$ 是一条有向路；

● $P_2 = \{v_1, v_2, v_6, v_7\}$ 或 $P_2 = \{e_1, e_6, e_7\}$ 是一条路，但不是有向路；

● $P_3 = \{v_2, v_3, v_4, v_5, v_6, v_2\}$ 或 $P_3 = \{e_2, e_3, e_4, e_5, e_6\}$ 是一条回路。

## 3. 连通性

如果无向图内任意两个顶点之间存在着一条连接它们的路，则称这个无向图是连通图，如图 7 - 12 (a) 所示，而图 7 - 12 (b)、(c) 是非连通图。连通性也可以用来研究有向图。对于一个有向图而言，在不考虑它的边的方向的情况下，如果任意两个顶点之间存在着一条连接它们的路，则称这个有向图是连通的。在一个有向图中，若它的任意两个顶点之间都存在一条连接它们的有向路，则这个有向图具有强连通性，称为强连通图，如图 7 - 12 (d) 即是强连通图。

## 4. 树

若一个连通图中不存在任何回路，则称为树。树具有如下性质：

(1) 树中任意两节点之间至多只有一条边。

(2) 树中边数比节点数少 1。

(3) 树中任意去掉一条边，就变成非连通图。

(4) 树中任意添加一条边，就构成一个回路。

任意一个连通图，去掉一些边后形成的树，称为这个连通图的生成树。一般来说，一个连通图的生成树可能不止一个。

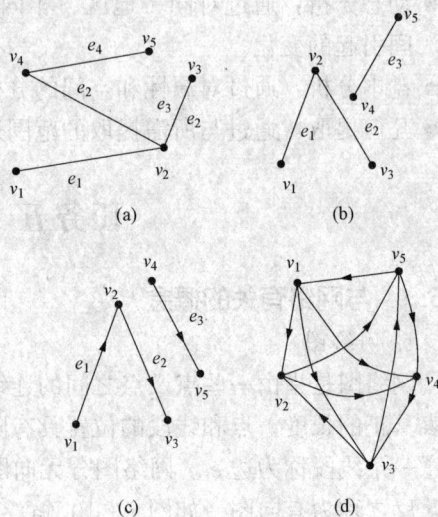

图 7 - 12  图的连通性

## 5. 赋权图

如果给图中任意一条边 $(i, j)$ 都赋予一个数 $w(i, j)$，则称这种数为该边的权。赋了权的图称为赋权图。有向图的各边赋予权数后，成为有向赋权图。赋权图在实际问题中非常有用。

根据不同的实际情况，权的含义可以不同。例如，可用权数代表两地之间的实际距离或行车时间，也可用权数代表某工序所需的加工时间等。

## 7.5.2  最短路径分析

### 1. 问题的提出

交通网络中常常提出如下问题：

● 两地之间是否有路相通？

● 在有多条通路的情况下，哪一条最短？

这就是带权图中求最短路径的问题。

在进行网络最短路径（最佳路径）分析之前，需要将网络转换成有向图。如交通网络可以用带权图来表示：图中结点表示城镇，边表示两个城镇之间的道路，边上的权值可以表示两城镇之间的距离、交通费用或途中所需的时间等。

无论是计算最短路径还是最佳路径，其算法都是一致的，不同之处在于有向图中每条边的权值设置。如果要计算最短路径，权值设置为两个节点间的实际距离；而要计算最佳路径，则可以将权值设置为从起点到终点的时间或费用。

2. 最短路径搜索算法——Dijkstra 算法

Dijkstra 算法是狄克斯特拉（Dijkstra）在 1959 年提出的，它被认为是目前最好的最短路径搜索算法之一。

（1）最短路径搜索的基本依据。若从 $s$ 点到 $t$ 点有一条最短路径，则从 $s$ 点到该路径上任意一点的距离都是最短的，如图 7 - 13 所示。

（2）Dijkstra 算法的基本思路。对网络图中每个结点 $i$ 设定一对标号 $(D_i, P_i)$，其中 $D_i$ 是从起点 $s$ 到点 $i$ 的最短路径的长度；$P_i$ 则是 $s$ 点到 $i$ 点的最短路径中 $i$ 点的前一点。

为了进行最短路径搜索，用 $d(k, i)$ 表示 $k$ 点到 $i$ 点的距离。

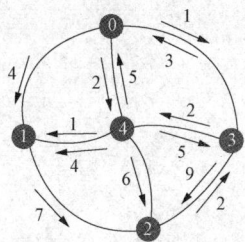

图 7 - 13 最短路径搜索的基本依据

（3）距离矩阵的计算。为了求出最短路径，需要先计算两点间的距离，并形成距离矩阵。若两点间没有直接相连的路，则距离为 ∞。对于从节点到其本身的路，我们认为是零路，其长度等于零。例如图 7 - 14 (a) 的距离矩阵如图 7 - 14 (b) 所示。

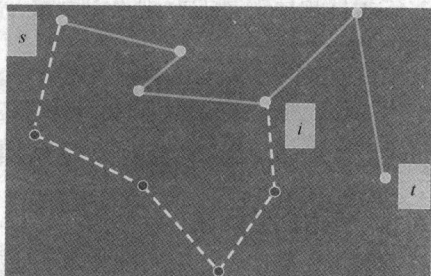

(a)　　　　　　(b)

图 7 - 14 有向图的距离矩阵

（4）最短路径搜索的步骤。

1）对起始点 $S$ 作标记，且对所有顶点令 $D(X) = \infty$，$Y = S$。

2）对所有未作标记的点按公式（7 - 2）计算距离：

$$D(X) = \min \{ D(X), d(Y, X) + D(Y) \} \tag{7 - 2}$$

式中，$Y$ 是最后一个作标记的点。

取具有最小值的 $D(X)$，并对 $X$ 作标记，令 $Y = X$。若最小值的 $D(X) = \infty$，则说明 $S$ 到所有未标记的点都没有路，算法终止；否则继续。

3）如果 $Y$ 等于 $T$，则已找到 $S$ 到 $T$ 的最短路径，算法终止；否则转到②。

**例**：用 Dijkstra 算法计算图 7 - 14 (a) 中 0 点到 2 点的最短路径及最短距离。

**解**：首先求出图 7 - 14 (a) 的距离矩阵，如图 7 - 14 (b) 所示。

然后，按照最短路径搜索的步骤求解，如下：

①对 0 点作标记，按公式（7 - 2）计算 0 点到所有未标记点的距离。

结果为 $D(1) = 4, D(2) = \infty, D(3) = 1, D(4) = 2$。

最小值为 $D(3) = 1$。

②对 3 点作标记，按公式计算 $D(1)$、$D(2)$、$D(4)$。

$D(1) = \min\{D(1), d(3,1) + D(3)\} = \min\{4, \infty + 1\} = 4$

$D(2) = \min\{D(2), d(3,2) + D(3)\} = \min\{\infty, 9 + 1\} = 10$

$D(4) = \min\{D(4), d(3,4) + D(3)\} = \min\{2, 2 + 1\} = 2$

最小值为 $D(4) = 2$。

③对 4 点作标记，计算 $D(1)$，$D(2)$。

$D(1) = \min\{D(1), d(4,1) + D(4)\} = \min\{4, 1 + 2\} = 3$

$D(2) = \min\{D(2), d(4,2) + D(4)\} = \min\{10, 6 + 2\} = 8$

最小值为 $D(1) = 3$。

④对 1 点作标记，计算 $D(2)$。

$D(2) = \min\{D(2), d(1,2) + D(1)\} = \min\{8, 7 + 3\} = 8$

⑤根据顺序记录的标记点以及最小值的取值情况，可得到最短路径为 0 点→4 点→2 点，最短距离为 8。

扫一扫，学习如何利用 ArcGIS 进行最短路径分析，求解实际问题。

### 7.5.3 资源配置问题

在城市管理中，利用 GIS 技术确定资源配置，即服务点的最优区位选择问题十分重要，如确定幼儿园、商场、消防队、医院、交通场站等的最优位置，以达到服务、资源的最优配置。

**例**：某城市预计在图 7-15 中 $v_1$、$v_2$、$v_3$、$v_4$、$v_5$、$v_6$ 处选择一处建立商场，以方便周边居民日常生活购物需要，请利用网络分析给出最佳方案。

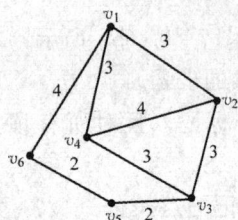

**解**：①首先计算出距离矩阵：

图 7-15　无向赋权图

$$\begin{pmatrix} 0 & 3 & 6 & 3 & 6 & 4 \\ 3 & 0 & 3 & 4 & 5 & 7 \\ 6 & 3 & 0 & 3 & 2 & 4 \\ 3 & 4 & 3 & 0 & 5 & 7 \\ 6 & 5 & 2 & 5 & 0 & 2 \\ 4 & 7 & 4 & 7 & 2 & 0 \end{pmatrix}$$

②计算每一行的最大值：

$e(v_1) = 6, e(v_2) = 7, e(v_3) = 6, e(v_4) = 7, e(v_5) = 6, e(v_6) = 7$

③由②可得，$\min\limits_{1 \leqslant i \leqslant 6}[e(v_i)] = 6$，因此，在 $v_1$ 或 $v_3$ 或 $v_5$ 处均可以建立商场。

### 7.5.4 构造最小生成树

生成树是图的极小连通子图，一个连通赋权图 $G$ 可能有很多生成树。设 $T$ 为图 $G$ 的一个生成树，若把 $T$ 中各边的权值相加，则总的权数称为生成树 $T$ 的权。在 $G$ 的所有生成树中，权数最小的生成树称为图 $G$ 的最小生成树。

在实际应用中，常有类似在 $n$ 个城市间建立通信线路这样的问题，可以用图来表示：图的顶点表示城市，边表示两城市间的线路，边上所赋的权值表示代价。对 $n$ 个顶点的图可以建立许多生成树，每棵生成树均表示一个通信网。若要使通信网的造价最低，就需要构造图的最小生成树。

1. 构造最小生成树的依据

在网中选择 $n-1$ 条边连接网的 $n$ 个顶点；

尽可能选取权值最小的边。

2. 构造最小生成树算法——克罗斯克尔（Kruskal）算法

该算法在 1956 年提出，俗称"避圈法"。设图 $G$ 是由 $m$ 个节点构成的连通赋权图，构造最小生成树的步骤如下：

（1）先把图 $G$ 中的各边按权值从小到大重新排列，并取权值最小的一条边为 $T$ 中的边。

（2）在剩下的边中，按顺序取下一条边。若该边与 $T$ 中已有的边构成回路，则舍去该边，否则选进 $T$ 中。

（3）重复（2），直到有 $m-1$ 条边被选进 $T$ 中，这 $m-1$ 条边构成的连通图即是 $G$ 的最小生成树。

例：利用 Kruskal 算法建立图 7-16 的最小生成树。

解：按照 Kruskal 算法的步骤，图 7-16 的最小生成树有两个，分别如图 7-17（a）、7-17（b）所示。

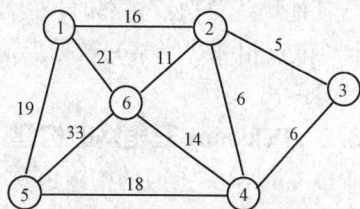
图 7-16　连通赋权图

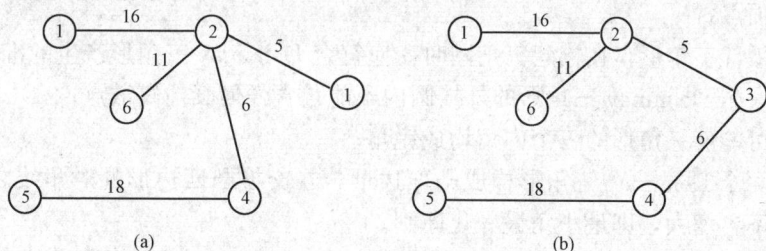
图 7-17　最小生成树
（a）最小生成树 1；（b）最小生成树 2

# 任务六　泰森多边形分析

## 7.6.1　泰森多边形及其特性

1911 年，荷兰气象学家 A. H. Thiessen 为提高大面积气象预报的准确度，提出了一种根据离散分布的气象站的降雨量来计算其所在区域的平均降雨量的方法。该方法是将所有相邻气象站连成三角形，作这些三角形各边的垂直平分线，于是每个气象站周围的若干垂直平分线便围成一个多边形。用这个多边形内所包含的一个唯一气象站的降雨量来表示这个多边形区域内的降雨量，并称这个多边形为泰森多边形，如图 7-18 所示，其中红色线构成的多边形就是泰森多边形。

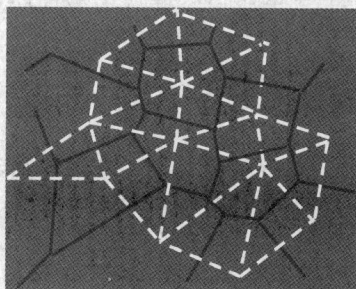
图 7-18　泰森多边形

由图 7-18 可以看出，泰森多边形和不规则三角网 TIN 是对偶图。在构建泰森多边形之前，首先要将离散点连接形成不规则三角网 TIN，TIN 也称为 Delaunay 三角网。有关 Delaunay 三角网的构建将在下一节中介绍。

泰森多边形的特性是：

（1）每个泰森多边形内仅含有一个离散点数据。

（2）泰森多边形内的点到相应离散点的距离最近。

（3）位于泰森多边形边上的点到其两边离散点的距离相等。

（4）泰森多边形的每个顶点是三角形外接圆的圆心。

泰森多边形可用于定性分析、统计分析、邻近分析等。例如，可以用离散点的性质来描述泰森多边形区域的性质；可用离散点的数据来计算泰森多边形区域的数据；判断一个离散点与其他哪些离散点相邻时，可根据泰森多边形直接得出；若泰森多边形是 $n$ 边形，则就与 $n$ 个离散点相邻；当某一数据点落入某一泰森多边形中时，它与相应的离散点距离最近，无须计算距离。

## 7.6.2 Delaunay 三角网的构建

Delaunay 三角网的构建也称为不规则三角网的构建，就是由离散数据点构建三角网，即确定哪三个数据点构成一个三角形，最后形成三角网。对于平面上 $n$ 个离散点，其平面坐标为（$x_i$，$y_i$），$i=1$，$2$，…，$n$，将其中相近的三个点构成最佳三角形，使每个离散点都成为三角形的顶点。

为了获得最佳三角形，在构建三角网时，应符合 Delaunay 三角形产生的准则：

（1）任何一个 Delaunay 三角形的外接圆内不能包含任何其他离散点；

（2）应尽可能使三角形的三个内角均成锐角；

（3）相邻两个 Delaunay 三角形构成凸四边形，在交换凸四边形的对角线之后，六个内角中的最小角不再增大，即最小角最大化原则。

## 7.6.3 泰森多边形的建立

建立泰森多边形的步骤为：

（1）离散点自动构建三角网，即构建 Delaunay 三角网。对离散点和形成的三角形编号，记录每个三角形是由哪三个离散点构成的。

（2）找出与每个离散点相邻的所有三角形的编号，并记录下来。这只要在已构建的三角网中找出具有一个相同顶点的所有三角形即可。

（3）对与每个离散点相邻的三角形按顺时针或逆时针方向排序，以便下一步连接生成泰森多边形。设离散点为 $o$，找出以 $o$ 为顶点的一个三角形，设为 $A$；取三角形 $A$ 除 $o$ 以外的另一顶点，设为 $a$，则另一个顶点也可找出，即为 $f$；则下一个三角形必然是以 $of$ 为边的，即为三角形 $F$；三角形 $F$ 的另一顶点为 $e$，则下一三角形是以 $oe$ 为边的；如此重复进行，直到回到 $oa$ 边。

（4）计算每个三角形的外接圆圆心，并记录之。

（5）根据每个离散点的相邻三角形，连接这些相邻三角形的外接圆圆心，即得到泰森多边形。对于三角网边缘的泰森多边形，可作垂直平分线与图廓相交，与图廓一起构成泰森多边形。

# 任务七　空间统计分析

空间统计分析是 GIS 中的一项重要工作，主要基于空间数据进行空间和非空间数据的分类、统计、分析和综合评价。GIS 中的统计分析方法是建立在概率论与数理统计基础上的一类地理数学方法，它们适用于对各种随机现象、随机过程和随机事件的处理。几乎所有的地理现象、地理过程和地理事件都具有一定的随机性，这是由于地理学研究对象的复杂性决定的。因此，统计分析方法是 GIS 中最基本和必不可少的一类数学方法。

## 7.7.1　相关分析

地理要素之间相关分析的任务，是揭示地理要素之间相互关系的密切程度。而地理要素之间相互关系、密切程度的测定，主要是通过对相关系数的计算与检验来完成的。

在地理信息系统中，被研究的空间变量间往往存在着一定的相关关系，又分为两变量间的相关关系和多变量间的相关关系。本书仅介绍如何判断两个变量间的相关关系。

判断变量间的相关关系是由相关程度和相关方向两个指标共同决定。

（1）相关程度是研究变量间相互关系的密切程度；

（2）相关方向分为正相关和负相关两种。正相关表示两变量同向相关，即 $y$ 随 $x$ 的增大而增大，减小而减小；负相关则表示两变量异向相关，即 $y$ 随 $x$ 的增大而减小，减小而增大。

定量表达相关程度和相关方向的指标称为相关系数。对于两个变量 $x$ 和 $y$，如果它们的样本值分别为 $x_i$ 与 $y_i$（$i=1,2,\cdots,n$），则它们之间的相关系数计算如公式（7 - 3）所示：

$$r_{xy} = \frac{\sum_{i=1}^{n}(x_i - \bar{x})(y_i - \bar{y})}{\sqrt{\sum_{i=1}^{n}(x_i - \bar{x})^2}\sqrt{\sum_{i=1}^{n}(y_i - \bar{y})^2}} \tag{7 - 3}$$

式中　$r_{xy}$—— 变量 $x$ 与 $y$ 之间的相关系数，$-1 \leqslant r_{xy} \leqslant 1$；

$\bar{x}$、$\bar{y}$—— 两个变量样本值的平均值。

$r_{xy} > 0$，表示两变量间为正相关；$r_{xy} < 0$，则表示两变量间为负相关。

$r_{xy}$ 的绝对值越接近于 1，表示两变量间的关系越密切。当 $r_{xy}$ 的值为 1 时，为完全正相关；$r_{xy}$ 的值为 $-1$ 时，为完全负相关；$r_{xy}$ 的值为 0 时，则完全无关。

## 7.7.2　回归分析

相关分析揭示了地理要素之间相互关系的密切程度。然而诸要素之间相互关系的进一步具体化，例如某一要素与其他要素之间的相互关系若能用一定的函数形式予以近似地表达，那么其实用意义将会更大。在复杂的地理系统中，某些要素的变化很难预测或控制，相反，另外一些要素则容易被预测或控制。若能在某些难测难控的要素与其他易测易控的要素之间建立一种近似的函数表达式，则就可以比较容易地通过那些易测易控要素的变化情况，了解难测难控要素的变化情况。回归分析方法是研究要素之间具体数量关系的一种强有力的工具，运用这种方法能够建立反映地理要素之间具体数量关系的数学模型，即回归模型。

### 7.7.3　变量筛选分析

随着数据采集技术的进步和采集手段的多样化，在同一采样点（或称样本点、数据点）上往往可以收集到几十种不同的数据或变量。例如，我国 2000 年第五次全国人口普查，每个县都包括有几十种的人口统计变量。从空间统计学和地理学的角度，这些数据或变量之间往往是相互关联的，只是关联的程度不同而已。如何从众多的变量中，找出一组相互独立的变量，使原始采样数据得以简化，这是一个变量筛选的过程，该过程即称为变量筛选分析或多变量统计分析。常用的变量筛选分析方法有主成分分析、主因子分析和关键变量分析等。

1. 主成分分析

主成分分析是把原来多个变量划为少数几个综合指标的一种统计分析方法。假定有 $n$ 个地理样本，每个样本共有 $m$ 个变量，则可以构成一个 $n \times m$ 阶的数据矩阵。当 $m$ 较大时，如果在 $m$ 维空间中考察问题，则十分困难。为解决此问题，可用较少的几个综合指标代替原来较多的变量指标，并使这些综合指标既能尽量多地反映原来较多变量指标所反映的信息，同时它们之间又相互独立。

综合指标的选取：选取原来变量的线性组合，适当地调整组合系数，使新的变量之间相互独立且代表性最好。

2. 主因子分析

与主成分分析类似，主因子分析是以变量作为坐标轴，以采样点作为矢量，通过采样点之间的相似系数建立相关矩阵，来研究采样点之间的亲疏关系，从而找出代表性的采样点。

3. 关键变量分析

关键变量分析是利用变量之间的相关系数建立相关矩阵，通过用户确定的阈值，从数据库变量集中找出一定数量的关联独立变量，从而消除其他多余变量。

### 7.7.4　系统聚类分析

系统聚类分析，也称为群分析或点群分析，它是研究多要素事物分类问题的数量方法，也是分类数据处理中用得最多的一种方法。其基本思想是：首先是 $n$ 个样本各自成一类，然后规定类与类之间的距离，选择距离最小的两类合并成一个新类。计算新类与其他类的距离，再将距离最小的两类进行合并。这样每次减少一类，直到达到所需的分类数或所有的样本都归为一类为止。

系统聚类分析方法是定量地研究地理事物分类问题和地理分区问题的重要方法。常见的聚类分析方法有系统聚类法、动态聚类法和模糊聚类法等。

1. 聚类要素的数据处理

在聚类分析中，聚类要素的选择是十分重要的，它直接影响分类结果的准确性和可靠性。在地理分类和分区研究中，被聚类的对象通常是由多个要素组成的。不同要素的数据往往具有不同的单位和量纲，其数值的变化可能很大，这势必会对分类结果产生影响。因此，当分类要素的对象确定之后，在进行聚类分析之前，首先要对聚类要素进行数据处理。

设有 $n$ 个聚类对象，每个聚类对象都有 $x_1$，$x_2$，$\cdots$，$x_m$ 个要素构成。在聚类分析中，通常采用总和标准化、标准差标准化、极大值标准化、极差的标准化等方法来对要素数据进行数据处理。

2. 距离计算

距离是系统聚类分析的依据和基础。在聚类要素的数据处理工作完成后，就要计算分类对象之间的距离，并根据距离矩阵的结构进行聚类。

若把每个分类对象的 $m$ 个聚类要素看成 $m$ 维空间的 $m$ 个坐标轴，则每个分类对象的 $m$ 个要素所构成的 $m$ 维数据向量就是 $m$ 维空间中的一个点。这样，各分类对象之间的差异性，就可以由它们所对应的 $m$ 维空间中点之间的距离度量。常用的距离有绝对值距离、欧氏距离、明科夫斯基距离、切比雪夫距离。选择不同的距离来计算，聚类结果会有所不同。在地理分区和分类研究中，往往采用几种距离进行计算、对比，最后选择一种较为合适的距离进行聚类。

扫一扫，学习利用 ArcGIS 的统计分析工具进行数据处理。

## 知 识 考 核

1. 空间查询有哪三种方式？举例说明。
2. 什么是 DEM？其表示方法有哪些？
3. 简述点、线、面的缓冲区建立方法。
4. 叠置分析的作用是什么？合成叠置和统计叠置有什么不同？
5. 结合实际，简述网络分析在生产生活中的应用。
6. 简述泰森多边形的由来及特点。

# 项目八  GIS 产品输出

## 项目概述

GIS 产品是指通过系统处理和分析，可以直接供专业规划人员或决策人员使用的各种地图、图表、图像、数据报表或文字说明。GIS 产品输出是指将 GIS 分析或查询检索的结果表示为用户需要的形式的过程。

据此，介绍空间数据可视化的基本概念、GIS 产品的输出形式、输出设备、图幅整饰等内容，重点阐述专题地图的设计与制作。

## 学习目标

1. 理解空间信息可视化的基本概念；
2. 掌握 GIS 产品输出的形式；
3. 掌握普通地图、专题地图的设计及实现；
4. 掌握图幅整饰的主要工作；
5. 了解地图输出设备及过程。

## 任务一  空间信息可视化

近年来，随着 3S 技术的融合和空间信息处理技术的不断发展和广泛应用，空间信息可视化及基于可视化技术的空间分析、空间数据挖掘、知识发现等已经发展成为空间信息处理的关键技术和重要手段。可视化方法已由原来单纯的数据表达发展成为可以表现数据内在复杂结构、关系和规律的技术。可视化技术充分利用人对色彩和空间的敏锐感知能力，使人和计算机有机地融合，在空间信息和知识发现的过程中发挥着重要作用。

### 8.1.1  基本概念

可视化（visualization）是将人类对于客观事物的认知通过视觉，以"可见"的形式进行表达或模拟，以便于人类理解客观现象、发现客观规律以及传播知识。

可视化是将符号或数据转化为直观的图形、图像的技术，它的过程是一种转换，如图8-1所示。

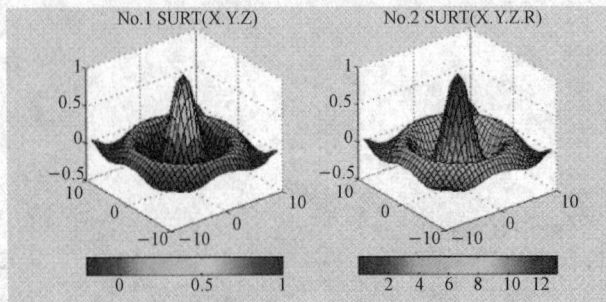

图 8-1  图形可视化成果

科学计算可视化是指运用计算机图形学和图像处理技术，将计算过程中产生的数据及计算结果转换为图形和图像显示出来，并进行交互处理的理论、方法和技术，如图8-2所示。

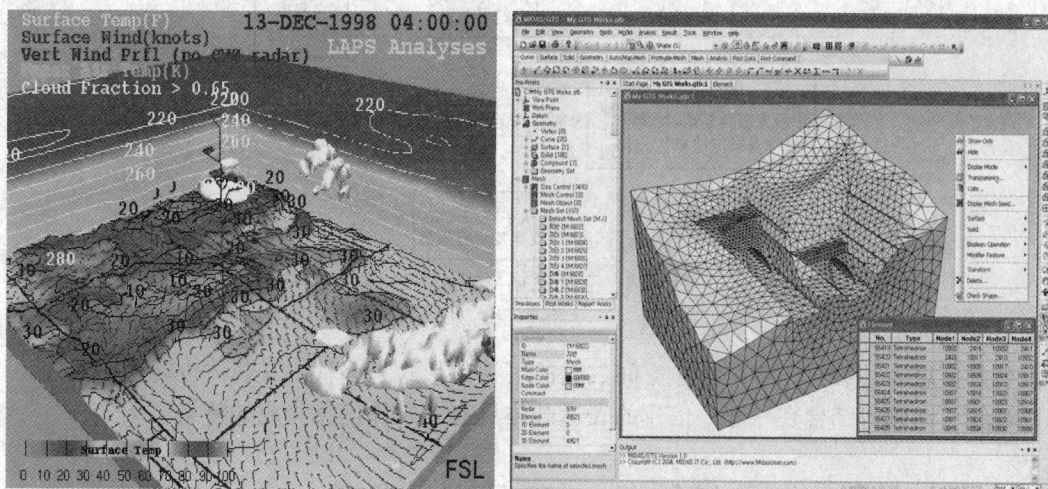

图8-2 科学计算可视化成果

继科学计算可视化概念提出后，地学专家又提出了空间信息可视化的概念，包括地图可视化、地理可视化、GIS可视化、地学多维图解、地理信息的多维可视化、虚拟地理环境等。

空间信息可视化是指运用地图学、计算机图形学和图像处理技术，将地学信息输入、处理、查询、分析以及预测的数据及结果采用符号、图形、图像，并结合图表、文字、表格、视频等可视化形式显示，以进行交互处理的理论、方法和技术，如图8-3所示。

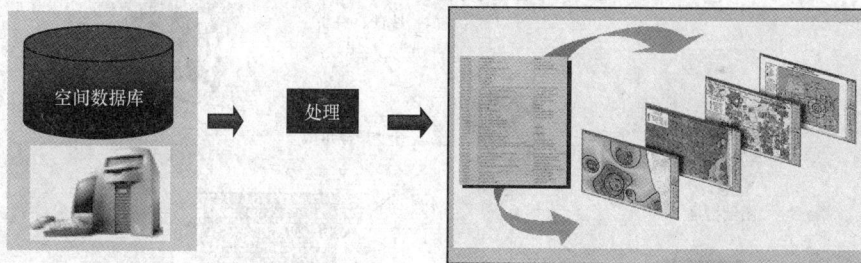

图8-3 空间信息可视化过程

## 8.1.2 空间信息可视化的过程及其特点

1. 空间信息可视化的过程

在GIS数据输入、处理到输出的过程中，数据流错综复杂，数据量庞大且读取不便，想要得到某个特定区域或特定组合的地理对象有关信息，必须使用空间信息可视化。空间信息可视化的过程如图8-4所示。

2. 空间信息可视化过程的特点

（1）交互性。由图8-4可以看出，空间信息可视化的过程具有交互性。空间信息可视化的目的是为用户提供使用、操作、控制系统的功能，这就使得空间信息可视化过程中用户能够进行多种方式的交互操作。

（2）信息表达的动态性。空间数据时刻都在发生变化，其可视化表达也随着数据的变化

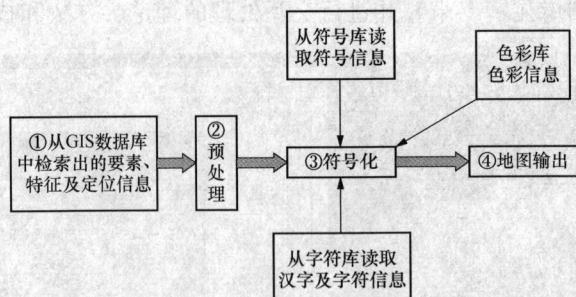

图 8-4　空间数据可视化的过程

而动态变化。

（3）信息表达载体的多维性。空间数据的可视化形式有多种，其载体也往往与图表、文字、视频、动画等结合在一起，信息的表达载体具有多媒体信息集成的特点。

# 任务二　GIS 的产品类型

GIS 的产品类型有地图、图表、图像、数据报表及文字说明等，如图 8-5 所示。其中，地图是 GIS 产品的主要表现形式。

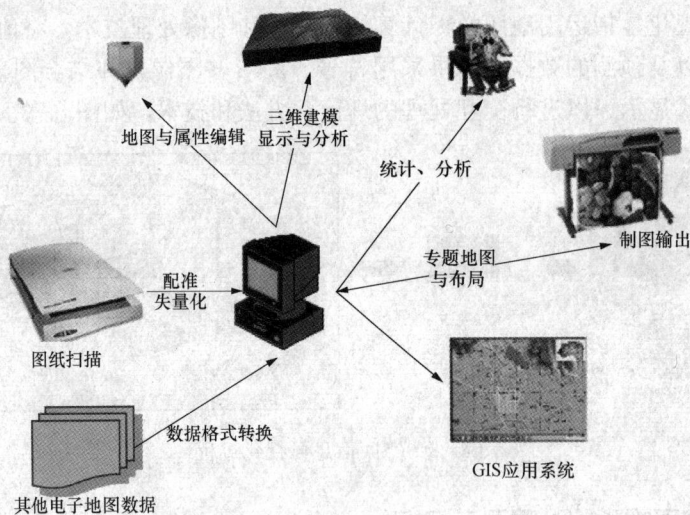

图 8-5　GIS 产品输出形式

## 8.2.1　地图

地图是按照一定法则，有选择地以二维或多维形式与手段在平面或球面上表示地球若干现象的图形或图像，它具有严格的数学基础、符号系统、文字注记，并能用地图概括原则，科学地反映出自然和社会经济现象的分布特征及其相互关系。

地图是空间信息可视化的主要形式，又分为纸质地图和电子地图，如图 8-6 所示。

地图是我们最常用的 GIS 产品之一，你知道怎样正确使用地图吗？扫我吧！

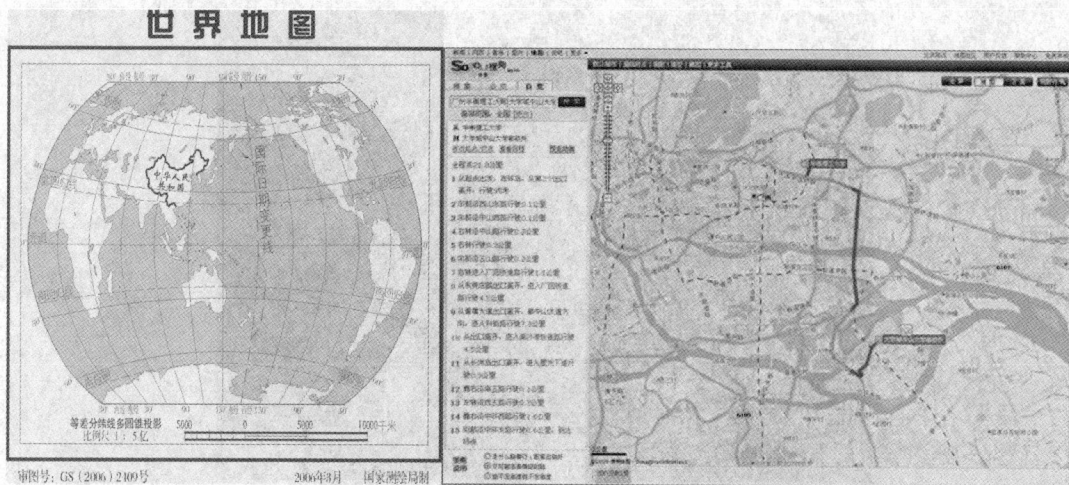

图8-6 纸质地图（左）和电子地图（右）

## 8.2.2 图像

图像是利用人们直观的视觉变量（如灰度、颜色、模式等）来表示各空间实体的质量特征。图像可以由光学设备获取，如照相机、镜子、望远镜、显微镜等；也可以人为创作，如手工绘画。图像可以记录、保存在纸质、胶片等对光信号敏感的介质上，随着数字采集技术和信号处理理论的发展，越来越多的图像以数字形式存储。图像分为静态图像（如图片、照片等）和动态图像（如影片等）两种。

## 8.2.3 统计图表

统计图表，也称为统计图或趋势图，是以柱型图、曲线图、饼图、点图、面积图、雷达图等统计图的形式来呈现某事物或现象的现状及发展趋势的图形。统计图将实体的特征和实体间的关系采用图形表示，并将与空间无关的信息传递给用户，使用户对信息有直观、全面地了解。如图8-7所示。

## 8.2.4 多媒体地学信息

多媒体地学信息是将空间信息所使用的文本、表格、声音、图形、图像、动画、音频、视频等各种形式逻辑地连接并集成为一个整体概念。

## 8.2.5 三维仿真地图

随着计算机技术，特别是计算机图形学、三维仿真技术、虚拟现实技术以及网络通信技术的迅速发展，三维仿真地图不仅通过直观的地理实景模拟表现方式，为用户提供地图查询、出行导航等地图检索

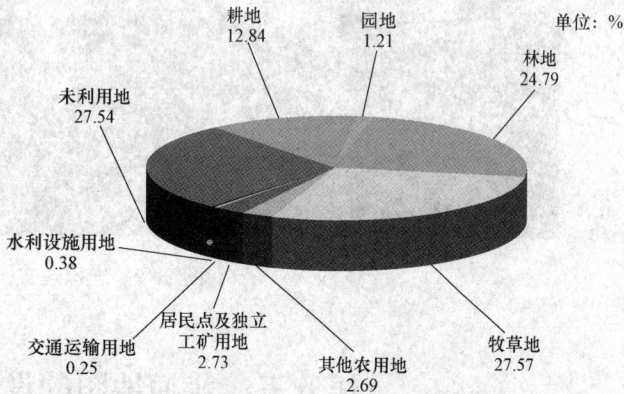

图8-7 饼状统计图表（某年全国土地利用现状）

功能，同时集成生活资讯、电子政务、电子商务、虚拟社区、出行导航等一系列服务，如图8-8所示。

图 8-8　三维仿真地图

## 8.2.6　虚拟现实

　　虚拟现实又称为虚拟环境、人工现实、灵镜技术，它是空间信息可视化的一种新方式；通过人与计算机的交互操作，凭借数据头盔、数据手套、三维鼠标、数据衣、立体耳机等设备，以视觉为主，结合听觉、触觉、嗅觉甚至味觉来感知环境，使人完全沉浸在计算机创建的三维虚拟环境中，实现对现实或虚幻世界的仿真模拟，如图 8-9 所示。

图 8-9　虚拟现实

# 任务三　普通地图的设计与实现

扫一扫：作为地图的设计者，首先要了解地图的相关法律法规，你了解多少呢？

地图分为普通地图与专题地图两大类。

普通地图是综合、全面地反映一定制图区域内的自然要素和社会经济现象一般特征的地图。该地图内包含有地形、水系、土壤、植被、居民点、交通网、境界线等内容，广泛用于经济、国防和科学文化教育等方面，并可作为编制各种专题地图的基础。普通地图分为地形图和地理图。

研究普通地图的设计和编绘、普通地图的整饰和分析等，已成为普通地图学研究的主要内容。

### 8.3.1　地图生产过程概述

地图生产具有测绘成图和编绘成图两种实现方式。测绘成图是指测绘人员利用不同的测绘仪器与测量手段，通过实地测量后绘制成图，再复制成大量地图的过程；此方法大多用于大比例尺地图。编绘成图是地图制图人员根据各种制图资料在室内采用手工方法或计算机地图制图方法编制成图再印刷的过程；这种方法多用于编绘中小比例尺地图和专题地图、地图集等。

地图生产流程分为地图设计、地图编绘、出版准备和地图印制四个阶段，适用于普通地图和专题地图。

地图设计是通过研究实验制定新编地图的内容、表现形式及其生产工艺程序的工作。

地图编绘是用规定的编绘符号和色彩，按地图概括原则方法与指标，对新编地图内容进行取舍，完成编绘原图。

出版准备是指根据图示、规范和地图设计书规定的地图出版所达到的要求，对已经编绘的地图进行规范，使之符合出版要求；包括逐层逐要素的地图内容检查、地图要素用色、符号、线型的规范化等。

地图印制是通过印刷复制大量地图成品的作业。

### 8.3.2　地图设计

1. 地图设计前期的准备工作

在地图设计之前，首先要了解地图的主题和用途，以便于确定地图性质、地图内容要素表示的深度和广度，更好地选择表示方法和制图综合。这是建立正确设计思想的基础。

资料是地图编制过程中的物质基础。广泛收集各种制图资源是地图设计前期的一项重要工作，包括地图资料、文字资料、统计资料、视频资料、影像资料、实测数据等。对收集的资料进行分析评价，从而确定地图编制的基本资料、补充资料和参考资料。

基本资料是地图编制的基础资料，根据编制地图的性质和用途，一般选择现势性强、内容完备、精度高、比例尺接近或较大、图面整洁的地形图作为基础资料。

补充资料是用来补充或修改基础资料上一些不足或欠缺的地图要素的资料。

参考资料起到参考或引证的作用，如用来了解制图区域概况的统计图表、文字资料等。

2. 设计工作事项

地图设计工作主要包括以下内容：

（1）确定地图性质、特点与制图范围。

（2）确定地图内容并制定地图图例。根据地图用途、制图资料和区域地理特点确定地图内容及其分类分级系统，针对这些内容，设计表示方法和相应的符号，系统、逻辑地排列地图图例表。

（3）确定地图数学基础，包括比例尺、投影、经纬网格以及建立数学基础的方法和精度要求等。

（4）广泛搜集编图用的各种资料并进行整理、分析与评价，做出使用程度和方法的说明。

（5）研究制图区域地理特征，制图对象的分布规律，制定地图概括的原则、方法与指标。

（6）确定地图分幅与图面配置。

（7）确定制图工艺方案，包括地图资料的加工和转绘方法，地图编绘的程序和方法，编绘用色规定，地图清绘工艺方案和制印要求等。

3. 编写设计书

地图设计内容最终体现在地图编制大纲或地图编制设计书中。地图编制大纲或地图编制设计书是编制地图的指导文件，是编图的指南。

一般应包括以下内容：

（1）编图的目的、任务、新编地图图名、用途和编制原则与要求等。

（2）地图的数学基础，包括投影与比例尺，图面配置等。

（3）编图资料的说明，包括分析评价和利用处理方案等。

（4）地图的内容、指标，表示方法和图例设计等。

（5）地图概括（制图综合）的原则要求和方法等。

（6）地图编绘程序与工艺。

（7）图式符号设计与地图整饰要求。

（8）附件，一般包括图片配置设计、资料及其利用略图、地图概括样图、图式图例（包括符号、色标）设计等。

### 8.3.3 地图编绘

地图编绘，也称原图编绘，其主要工作有：

（1）展绘地图的数学基础。地图编绘首先要建立数学基础，按照设计的投影公式或选定的投影表格与比例尺，计算图廓与经纬线交点坐标，展绘地图的数学基础。

（2）把各种经过加工处理的地图资料转至已展绘好数学基础的绘图版上。

（3）地图内容编绘。地图内容编绘的最终结果是得到编绘原图。

（4）图廓外整饰，按照编辑设计书规定，对地图图廓外图名、图号、图例等各种说明及附图附表进行必要的整饰。

（5）元数据生成与图例簿填写。元数据是对数据的描述，必须认真填写；图例簿是新编地图的附件，要作为技术档案与原图一同保存。

（6）审校验收。

### 8.3.4 出版准备和地图印制

编绘好的原图需经过复照、翻版、分涂等工序，制成供打样或印刷用的印刷版。经审校、修改、批准的打样图，是正式上机复印地图的根据。

### 8.3.5 地图概括

1. 地图概括的意义

地图最重要、最基本的特征是以缩小的形式表达地理要素的空间结构，它不可能把地理空间的所有要素毫无遗漏地表示出来。地图上所表示的内容是经过概括后的结果。以城市为例，在大比例尺地形图上，可以较详细地表示出街道、街区、建筑物等；在中比例尺地形图上，只能表示出部分主要街道和街区；而在小比例尺地形图上，则仅能显示出城市的总轮廓；随着比例尺的再缩小，在地图上就只能表示为一个点状符号了。

因此，地图概括就是抽取地面要素和现象的内在的、本质的特征与联系并符号化，帮助我们深入研究所反映的客观实际的各个方面。简单地说，就是对客观事物进行取舍和化简。

取舍是从大量的客观事物中选出最重要的事物表示在图上，而舍去次要的事物。

化简是对客观事物的形状、数量和质量特征的化简。形状化简是去掉轮廓形状的碎部，以突出事物的总体特征；数量和质量特征的化简就是减少分类和分级的数量，以缩减客观事物的差别。

取舍和化简都不是任意的，而是根据地图的比例尺、用途和制图区域的地理特征，对地图上各要素及其内在联系加以分析研究，选取和强调主要的事物和本质的特征，舍去次要的事物和非本质的特征。

2. 地图概括的基本概念

地图概括又称制图综合，是在地图用途、比例尺和制图区域地理特点等条件下，通过对地图内容进行有目的的取舍和简化，来表示制图区域或制图对象最主要的、实质性的特征和分布规律。

3. 地图概括的基本原则

地图概括应遵循的基本原则是，表示主要的、舍去次要的。在不考虑其他因素的情况下，制图物体的主要与次要是由其本身的质和量以及所处的地位所决定的。

地图内容取舍包括根据地图用途确定地图上所需要表示的内容和指标，也包括地图上的点状、线状地物与面状细小图斑的舍弃。

4. 地图概括的基本方法

地图概括的基本方法包括选取、概括和移位。

（1）选取。选取是指选择那些对制图目的有用的信息（满足地图用途要求并反映制图区域地理特点的重要的制图物体或现象），舍去不必要的信息。

选取应从以下三个方面来实现：

1）遵循一定的选取顺序。一般是从高级到低级，从主要到次要，从大到小，从整体到局部。

2）确定选取数量。为了保证选取数量的科学性，需要引入数量分析的方法，即利用数学方法研究制图物体的选取规律，模拟出数学解析式，并据此计算选取指标。

3）确定选取对象。

选取的方法是首先确定类别的选取，其次是同类要素的选取。

选取指标有两种形式：选取资格和选取定额，所对应的方法为资格法和定额法。具体实施时，通常将两种方法配合使用。

资格法：确定某一数量或质量标志作为选取标准。如："1厘米长以上的河流全选"；"乡镇级以上的居民地全选"等。

定额法：规定单位面积内应选取的数量。

（2）概括。概括是对选取了的制图物体进行形状、数量和质量特征的化简。概括分为形状概括、数量特征概括和质量特征的概括。

1）形状概括：是通过删除、合并、夸大等手段来对制图物体的形状进行概括。如删除碎部，保留或适当夸大重要特征。

2）数量特征概括：是指对制图物体的密度、长度、面积等数量特征的概括。

3）质量特征概括：是通过采用合并和删除的手段来减少要素的分类、分级。

（3）移位。移位是编图时处理各要素相互关系的基本方法，其目的是保证地图内容各要素总体结构特征的适应性，即与实地的相似性。

移位的原则是确定重要性或定位优先级。其处理方法有舍弃（一方）、移位（单方移位或双方移位）、压盖（点压面、线压面）等。

我国的地图编制实行准入制。从事地图编制活动的单位应当依法取得相应的测绘资质证书，并在资质等级许可范围内开展地图编制工作。想了解更多关于地图管理的知识吗？扫我吧！

## 任务四　专题地图的设计与实现

专题地图是着重表示一种或数种自然要素或社会经济现象的地图。专题地图的内容由两部分构成：

（1）专题内容。图上突出表示的自然或社会经济现象及其有关特征。

（2）地理基础。用以标明专题要素空间位置与地理背景的普通地图内容，主要有经纬网、水系、境界、居民地等。

### 8.4.1　专题地图编制程序与方法

专题地图的编制过程也分为地图设计、地图编绘、出版准备和地图印制四个阶段。

1．地图设计

专题地图设计就是将专题信息以图形的形式进行表达与传输的过程，包括表示方法的设计与选择、图例设计、图面配置的总体效果及具体安排、色彩设计等。在进行设计之前，要先了解和确定编图目的、任务及用图对象。

（1）明确编图任务和目的。专题地图的种类繁多，形式各样，根据用途和使用对象的不同，要求也不尽相同。因此，编制专题地图必须先了解委托单位的编图目的和要求，明确主题，并以此为依据进行设计。

（2）编写编图大纲和收集编图资料。明确专题地图主题之后就要构思地图的内容，并编写编图大纲，用来指导编图资料的收集和分析评价工作。研究地图内容的特征，进行方案测试；并在此基础上，补充、修改编图大纲，不断完善，形成编图的指导性文件。

专题地图内容的多样性决定了收集编图资料的广泛性和复杂性。编图前要广泛收集制图区域的下列资料：

1）普通地图。普通地图较全面地反映了制图区域的地理面貌，可以用于编制地理底图或直接用作地理底图，还可以用作某些专题要素。

2）专题地图和野外填绘的原图。根据收集的专题地图和野外填绘原图的质量，用于作为新编地图的基本资料，或补充资料和参考资料。

3）遥感资料。遥感影像是专题地图现势资料的重要来源之一。

4）统计资料和其他数字资料。社会经济发展中各领域的统计资料。这类资料对于许多专题地图而言具有特殊意义，但要注意统计资料必须是同一时期按照统一指标连续统计的，且完备全面。

5）科研成果和其他文字资料。如文件、专著、科研报告、论文、报刊报告等对于专题地图具有重要价值的资料。

（3）图面内容设计。专题地图的图面内容包括：各种类型和大小地图的配置；地图的图名、图廓、比例尺、统计图表、图片、文字说明等的大小和位置；专题要素和地图要素的配合及取舍；专题内容与图廓的关系等。

很多情况下，一幅地图除主图外，还可能有副图及附属要素等。如何合理有序地安排这些内容，是图面设计的重要工作。

主图是专题地图的主体，应在地图中占重要位置及较大的图幅。

副图是补充说明主图中不足的部分的地图，如主图的内容补充图、位置示意图等。

附属要素一般包括图名、图例、比例尺、统计图表和文字说明等。

图名。对于单幅专题地图而言，通常根据此地图的区域范围、制图主题等对图幅进行命名。由多幅普通地图构成的一组地图，一般选择图内最著名的地理名称作为图名。

图例。是集中于地图一角或一侧的地图上各种符号和颜色所代表内容与指标的说明，有助于更好地认识地图。图例既可在编图时作为地图内容的表示依据，又可在用图时作为必不可少的阅读指南。图例应符合完备性和一致性的原则，如图8-10所示。

比例尺。一般安排在图名及图例的下方。

统计图表和文字说明。是对主题的补充和概括，形式多样，能充实主体，活跃版面，但在图面中是次要地位，数量不宜太多，所占幅面不宜过大。

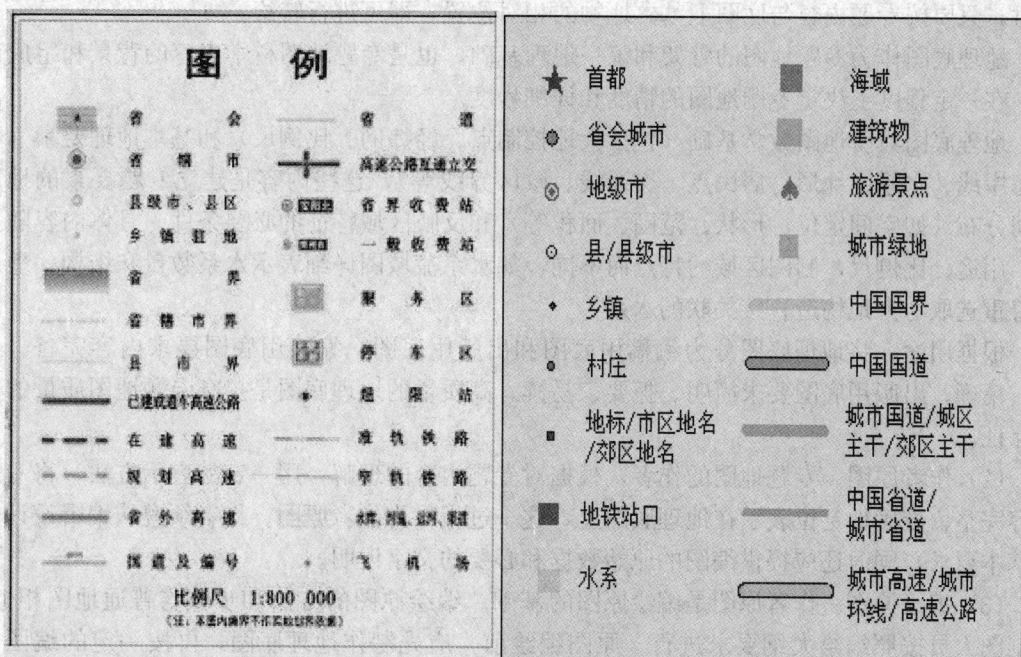

图8-10　地图图例

（4）色彩设计。地图设色对提高地图的清晰性和易读性，增加整体图面的视觉对比度，增强地图的表现力，突出图形在背景上的轮廓，协调图形的视觉平衡效果，增加地图的层次结构都起到明显作用，是专题地图图形设计的重要内容。

地图的色彩设计具有不同于艺术作品的原则，它必须在色彩基本原理的基础上，充分考虑地图内容、用途以及表示方法，经过制图者的创意，取得图面设计的色彩效果。

按照专题现象的不同特性，可以有不同的设色方法与要求：

1）表示专题现象的质量差异或类别。运用色彩的色相差异，能间接有效地反映现象的质量差异。

2）表示专题现象的数量差异。区域内的数量分布可能是渐变的、连续的，也可能是突变不连续的。渐变连续的数量变化以面状符号居多，以色彩的亮度或饱和度变化较好；突变不连续的数量分布以点状及线状符号居多，可采用色相变化。点状及线状符号本身的尺寸有限，颜色的差异必须较明显，才有较好的读图效果。

3）表示专题现象的动态变化。运用色彩中前进色、后退色的概念，以及色彩的深浅连续变化表示事物相对意义上的运动状态。

专题地图的图面设计，不同于普通地图那样在很多方面按照规范执行，而必须由编图人员自行设计。图面设计得当，才能更好地进行信息传递，用图者才得获得较好地感受。此外，图面设计还要考虑地图的使用条件和经济核算。

2. 地图编绘

（1）地理底图的编制。地理底图又称基础底图或地理基础底图，是用于编绘专题地图的基础底图，它是专题内容在地图上定向定位的地理骨架。地理底图一般表示水系、地貌和居民地等主要要素，作为转绘专题内容的基础，以提高专题地图的精度和易读性。编绘专题地图时，只要按专题内容与底图上基本地物的相对位置，即可进行转绘。

地理底图作为专题地图的骨架和统一地理基础，也是专题地图科学内容的背景和组成部分，在一定程度上决定专题地图的精度和详细程度。

地理底图具备地图数学基础（包括大地控制点、经纬网、比例尺）和基本地理要素（包括海岸线、水系、地形、居民点、交通线、政区界线等），这些内容是建立专题要素的地理空间分布（如空间定位、形状、范围、面积等）和反映区域特征的必要条件。具体内容随主题、用途、比例尺、制图区域的特点而不同，如水系流域图详细表示水系数量和结构、地质图着重选取与大地构造直接关联的水系等。

根据用途，将地理底图分为编稿用底图和出版用底图。编稿用底图要求内容完备、详细、精确；出版用底图要求简明、扼要、易读。高质量的地理底图是提高专题地图质量的重要保证。

（2）作者原图。专题地图的作者，根据对专题内容的理解，用一定的表示方法，将专题内容完整、准确地定位表示在地理底图上，这一过程称为作者原图。作者须遵从编辑设计书的基本要求，同时还应提供编图的原始数据和必要的文字说明。

（3）编绘原图。作者原图是编绘原图的基础。编绘原图的方法和步骤与普通地图相似，由制图人员按照编绘大纲要求进行。原图编绘前，应先制作地理底图，再按一定的编图方法，将作者原图上的内容转绘到地理底图上。

3. 出版准备和地图印制

经过作者原图和编绘原图所得到的图件，只是体现了地图编制者的意图，整饰质量不能满足直接用于制版印刷的要求；应当采用刻绘或清绘的方法，制作供出版用的印刷原图，然后转入地图印制阶段，进行大量复制。

### 8.4.2　专题地图的制图综合

专题地图的制图综合与普通地图一样，也受地图用途、比例尺、内容要素分布特点等因素的影响。然而专题地图本身具有特殊性，其制图综合也具有自身的特点。

1. 专题地图制图综合的特点

（1）专题地图制图综合主要为横向综合，着重于现象质量和数量特征的概括。专题地图的编制不像普通地图一样一定要以较大比例尺的同类地图为基本资料进行缩编制图，而只要内容合适，无论什么比例尺的地图都可以用作制图资料；且多以统计资料和文字资料为主。因此，专题地图制图综合内容的侧重面和实施场合与普通地图不一样。

（2）影响专题地图制图综合的主要因素是专题内容和表示方法的特点。实施制图综合时，要看地图的内容是单一的、合成的还是综合的；是点状的、线状的还是面状的；在时间或空间上是连续分布的、间断分布的还是离散分布的；是数量特征还是质量特征。内容特征不同，所选择的表示方法也不同。

（3）专题地图制图综合程度大小随专题现象的主次不同而不同。在制图综合的程度上，普通地图各要素的概括程度基本相同；而专题地图则不一样，对于地图的主题内容，须详细表示，概括程度较小，而次要内容，概括程度较大。

（4）专题地图经过制图综合，有可能引起表示方法的转换。专题地图的表示方法较多，在制图综合中存在某一种表示方法向另一种表示方法转换的可能性。

2. 专题地图制图综合的方式

（1）资格选取。根据编图的要求，确定选取资格，以保证必要的专题内容的表示。其资格的指标可以是要素的长度或面积、拥有的数量级，也可以是要素的政治或经济、历史文化等方面的地位。

（2）质量特征概括。通过合并相近的要素，以概括的分类代替详细的分类。如将苹果园、柿子园、葡萄园等园地概括为果园。

（3）数量特征概括。扩大现象分级的级差，减少分级，以较少的分级代替过多的分级。

（4）线划图形与图廓范围的简化。对制图现象的轮廓线形状保留大弯曲，舍去或合并小弯曲的简化；对现象分布的范围作一些合并、删除、夸大或改变表示方法的简化。

讲述了这么多关于地图设计的相关知识，大家有没有想过，我们国家什么时候开始有地图的？扫我就知道了哦！

## 任务五　GIS 产品输出

地理空间数据在 GIS 中经分析和处理后的结果必须以某种产品形式表现出来，这一过程称为 GIS 产品输出。GIS 产品输出的方式有屏幕显示输出和打印输出两种。

1. 屏幕显示输出

屏幕显示输出主要用于系统与用户交互式的快速显示，使用的输出设备以显示器为主。在 GIS 应用中，数据输入、编辑、处理、检索等阶段都需要显示器来显示图像，随着用户需求的提高，对显示器分辨率的要求也相应提高。屏幕显示输出可用于日常空间信息管理和小型科研成果的输出，如图 8-11 所示。

图 8-11　屏幕显示输出

2. 打印输出

打印输出一般直接由栅格方式进行，是最简单，也是最常用的输出方式。通常有以下几种打印设备。

（1）激光打印机。激光打印机是一种既可用于打印又可用于绘图的设备，其利用碳粉附着在纸上而成像。特点是成图质量高、绘制速度快，是计算机图形输出未来的发展方向。

（2）点阵打印机。点阵打印机是用机器内部的撞针撞击色带，利用印字头打将色带上的墨水印在纸上以达到打印效果，可打印比例准确的彩色地图，且设备便宜、成本低，速度较激光打印机慢。缺点是解析度低，且打印幅面有限，目前主要用于小型的地理信息系统。

（3）喷墨绘图仪。喷墨绘图仪是高档的点阵输出设备，输出产品质量高、速度快，主要用来绘制高精度、较正规的大图幅图形产品，如图 8-12 所示。

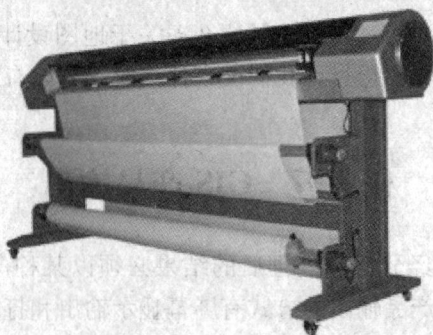

图 8-12　喷墨绘图仪

## 知 识 考 核

1. 谈谈你对空间数据可视化的认识和理解。
2. GIS 产品的输出形式有哪些？
3. 简述普通地图的生产过程。
4. 简述专题地图的生产过程。
5. 简述专题地图制图综合的特点。
6. GIS 产品输出的方式有哪些，各适用于什么情况？

# 参 考 文 献

[1] 《全国基础测绘中长期规划纲要（2015—2030 年）》.

[2] 龚健雅 . 地理信息系统基础［M］. 北京：科学出版社，2001.

[3] 陈述彭，鲁学军，周成虎 . 地理信息系统导论［M］. 北京：科学出版社，1999.

[4] 邬伦，等 . 地理信息系统——原理、方法和应用［M］. 北京：科学出版社，2001.

[5] 李建辉，等 . 地理信息系统技术应用［M］. 武汉：武汉大学出版社，2013.

[6] 胡鹏，黄杏元，华一新 . 地理信息系统教程［M］. 武汉：武汉大学出版社，2002.

[7] 郑春燕，等 . 地理信息系统原理、应用与工程［M］. 武汉：武汉大学出版社，2011.

[8] Paul A. Longley, Michael F. Goodchild 等著，张晶等译 . 地理信息系统与科学［M］. 北京：机械工业出版社，2007.

[9] Keith C. Clarke 著，叶江霞，等译 . 地理信息系统导论［M］. 5 版 . 北京：清华大学出版社，2013.

[10] 倪金生，曹学军，张敏 . 地理信息系统理论与实践［M］. 北京：电子工业出版社，2007.

[11] 张超，陈丙咸，邬伦 . 地理信息系统［M］. 北京：高等教育出版社，1995.

[12] 何必，李海涛，孙更新 . 地理信息系统原理教程［M］. 北京：清华大学出版社，2010.

[13] 李建松 . 地理信息系统原理［M］. 武汉：武汉大学出版社，2006.

[14] 吴信才，等 . 地理信息系统原理与方法［M］. 3 版 . 北京：电子工业出版社，2014.

[15] 余明，艾廷华 . 地理信息系统导论 . 北京：清华大学出版社，2009.

[16] 张东明，吕翠华 . 地理信息系统技术应用［M］. 北京：测绘出版社，2011.

[17] 吴秀芹，李瑞改，王曼曼，等 . 地理信息系统实践与行业应用［M］. 北京：清华大学出版社，2013.

[18] 邬伦，张晶，赵伟 . 地理信息系统［M］. 北京：电子工业出版社，2002.

[19] 王家耀，孙群，王光霞，等 . 地图学原理与方法［M］. 北京：科学出版社，2006.

[20] Kang-tsung Chang 著，陈健飞，等译 . 地理信息系统导论［M］. 北京：电子工业出版社，2014.

[21] 田永中，等 . 地理信息系统基础与试验教程［M］. 北京：科学出版社，2010.

[22] 王慧麟，等 . 测量与地图学［M］. 南京：南京大学出版社，2015.

[23] 高俊 . 地图制图基础［M］. 武汉：武汉大学出版社，2014.

[24] 程昌秀 . 空间数据库管理系统概论［M］. 北京：科学出版社，2012.

[25] 毕硕本 . 空间数据库教程［M］. 北京：科学出版社，2013.

[26] 张新长，马林兵，张青年 . 地理信息系统数据库［M］. 北京：科学出版社，2005.

[27] 牛新征，等 . 空间信息数据库［M］. 北京：人民邮电出版社，2014.

[28] 黄崇本 . 数据库技术与应用［M］. 北京：科学出版社，2007.

[29] 萨师煊，王珊 . 数据库系统概论［M］. 北京：高等教育出版社，2000.

[30] 吴立新，史文中 . 地理信息系统原理与算法［M］. 北京：科学出版社，2003.

[31] 王家耀 . 空间信息系统原理［M］. 北京：科学出版社，2001.

[32] 汤国安，杨昕，等 . 地理信息系统空间分析实验教程［M］. 2 版 . 北京：科学出版社，2012.

[33] Michael Zeiler 著，张峰，等译 . 为我们的世界建模——ESRI 地理数据库设计指南［M］. 北京：人民邮电出版社，2004.

[34] http：//www. gissky. net/Article/3028. htm，GIS 空间站 .